城乡环境综合治理规划建设知识读本

四川省城乡规划设计研究院

中国建筑工业出版社

图书在版编目（CIP）数据

城乡环境综合治理规划建设知识读本/四川省城乡规划设计研究院.—北京：中国建筑工业出版社，2010
 ISBN 978-7-112-11745-1

Ⅰ.城… Ⅱ.四… Ⅲ.城乡建设-环境保护-基本知识-中国
Ⅳ.TU984.2 X321.2

中国版本图书馆CIP数据核字（2010）第010214号

本书包括的主要内容有：城乡环境综合治理的目的、意义、指导思想和原则；现代城市规划设计理念；加强规划，塑造优美的城乡环境；重视设计，突出特色。本书是为了实施城乡环境综合治理工程，形成城乡容貌改观、环境管理有序、城镇品位提升、发展环境优化、居民素质提高的局面而编写。本书内容丰富，资料翔实。

本书可供从事城乡环境综合治理的工作人员、城乡规划建设人员使用，也可供大专院校相关专业人员参考使用。

责任编辑：胡明安　姚荣华
责任设计：赵明霞
责任校对：陈晶晶

城乡环境综合治理规划建设知识读本
四川省城乡规划设计研究院

*

中国建筑工业出版社出版、发行（北京西郊百万庄）
各地新华书店、建筑书店经销
北京嘉泰利德公司制版
北京方嘉彩色印刷有限责任公司印刷

*

开本：787×1092毫米　1/16　印张：$7\frac{1}{2}$　字数：188千字
2010年8月第一版　2010年8月第一次印刷
定价：65.00元
ISBN 978-7-112-11745-1
　　（18982）

版权所有　翻印必究
如有印装质量问题，可寄本社退换
（邮政编码 100037）

本书编委会

主　编：樊　晟
副主编：陈　懿　刘　芸
编　委：樊　晟　高黄根　陈　懿　刘　芸
　　　　汪晓岗　刘　丰　梁　平　严　俨
　　　　罗　晖　陈　东　李　毅　程　龙
　　　　唐　密　覃瑞旻

前 言

　　城乡环境综合治理，是指在全省城镇、村庄、灾后过渡安置点以及广大农村、山区等范围内进行的，针对城乡环境卫生与容貌秩序等方面存在的问题所进行的清理、改造、规划、建设和管理等工作的总和。其中，城乡环境卫生是城乡公共卫生和现代文明的重要组成部分，也是环境保护和社会可持续发展的重要内容，其治理工作主要涉及街巷、道路、居住区、水域和乡村等公共空间的环境保洁问题；城乡容貌秩序则是社会和谐的基本表现，也是一个国家和地区精神文明程度的重要标志，其治理工作主要涉及工程施工、园林绿化、道路交通、户外广告、建筑立面与执法监察等公共秩序和人们必须遵守的制度和行为规范等。同时，为保证治理工作的顺利推进和治理成果的长期保持，城乡环境治理工作必然还要涉及完善城镇和农村基础设施与市政公用设施功能、完善管理制度与工作机制等相关内容。因此，城乡环境综合治理是一项涉及城乡规划建设、环境卫生、容貌秩序、设施建设和长效机制建立等多个方面的、系统要求极强的综合性工作。

　　实施城乡环境综合治理工程，对于有效改善地方发展环境，加快城镇化进程，实现"加快发展、科学发展、又好又快发展"的奋斗目标具有十分重大的现实意义和战略意义。

　　实施城乡环境综合治理，要着力抓规划制定和风貌改造，按照"四注重、四提升"的要求，抓好城市风貌的规划和建设。一是要注重塑造风貌，提升城市整体形象；二是要注重个性特色，提升单体建筑设计水平；三是要注重色彩协调，提升建筑立面装饰美感；四是要注重历史传承，提升城市文化品位。要按照"三打破、三提高"的要求，抓好村镇建设规划，一是打破"夹皮沟"，提高村庄布局水平；二是打破"军营式"，提高村落规划水平；三是打破"火柴盒"，提高民居设计水平。

目 录

前言

第一章　城乡环境综合治理的目的、意义、指导思想和原则……………………1
第二章　现代城市规划设计理念………………………………………………………2
　　第一节　可持续发展的生态城市理念…………………………………………2
　　第二节　统筹发展理念…………………………………………………………11
　　第三节　城市风貌特色发展理念………………………………………………14
　　第四节　安全发展理念…………………………………………………………19
第三章　加强规划，塑造优美的城乡环境……………………………………………22
　　第一节　城乡规划管理工作内容简介…………………………………………22
　　第二节　城（村）镇体系与城乡统筹发展规划………………………………23
　　第三节　城市（县城）总体规划………………………………………………26
　　第四节　乡镇总体规划…………………………………………………………36
　　第五节　城市（镇）详细规划…………………………………………………45
　　第六节　历史文化名城（镇、村）保护规划…………………………………54
　　第七节　旧城更新规划…………………………………………………………61
第四章　重视设计，突出特色…………………………………………………………64
　　第一节　城乡整体风貌规划设计………………………………………………64
　　第二节　城市（镇、村）重点地段规划设计…………………………………69
　　第三节　城乡建筑风貌改造设计………………………………………………76
　　第四节　城市绿地系统规划与景观设计………………………………………83
　　第五节　道路景观规划设计及秩序管理………………………………………96
　　第六节　户外广告规划设计……………………………………………………100
　　第七节　市政环卫工程设计……………………………………………………104

美丽的滨海城市

清新的山地城镇

第一章 城乡环境综合治理的目的、意义、指导思想和原则

一、城乡环境综合治理的目的
城乡环境综合治理的目的是：
  形成城乡容貌改观、环境管理有序、城镇品位提升、发展环境优化、居民素质提高的局面，为推进"两个加快"创造优良的发展环境，为广大人民群众创造清洁优美的工作生活环境。城乡环境达到"清洁化、秩序化、优美化、生态化、制度化"的标准要求。

二、城乡环境综合治理的意义
城乡环境综合治理的意义是：
改善人居环境、提高生活质量的惠民工程。
创造发展优势、增强竞争实力的环境工程。
完善城镇功能、塑造品牌形象的管理工程。
坚持执政为民、检验干部队伍的作风工程。

三、城乡环境综合治理的指导思想
城乡环境综合治理的指导思想是：
  围绕加快建设美好新家园、加快建设经济发展高地战略目标，按照"清洁化、秩序化、优美化、制度化"评价体系标准，大力开展城乡环境综合治理，突出城乡环境卫生和容貌秩序两个重点，加强组织领导，科学制定规划，创新工作方法，注重宣传教育，强化督促检查，加快营造清洁、整齐、优美的城乡环境，着力提升发展环境质量。

四、城乡环境综合治理的原则
城乡环境综合治理的原则是：
生态建设与可持续发展相结合。
重点突击与普遍推广相结合。
以点带面、局部与整体相结合。
规划建设与管理相结合。
城乡环境综合治理与统筹城乡发展相结合。
城乡环境综合治理与社会主义新农村建设相结合。

第二章　现代城市规划设计理念

第一节　可持续发展的生态城市理念

一、可持续发展理念

(一) 可持续发展的定义

在世界环境和发展委员会（WECD）于1987年发表的《我们共同的未来》的报告中，对可持续发展的定义为："既满足当代人的需求又不危及后代人满足其需求的发展"。这个定义鲜明地表达了两个基本观点：一是人类要发展，尤其是穷人要发展；二是发展有限度，不能危及后代人的发展。

世界自然保护同盟，联合国环境署和世界野生生物基金会1991年共同发表的《保护地球——可持续性生存战略》（Caring for the Earth—A Strategy for Sustainable Living）一书中提出的定义是："在生存于不超出维持生态系统涵容能力的情况下，改善人类的生活质量。"世界银行在1992年度《世界发展报告》中称，可持续发展指的是：建立在成本效益比较和审慎的经济分析基础上的发展政策和环境政策，加强环境保护，从而导致福利的增加和可持续水平的提高。

1992年，联合国环境与发展大会（UNCED）的《里约宣言》中对可持续发展进一步阐述为"人类应享有以与自然和谐的方式过健康而富有成果的生活的权利，并公平地满足今世后代在发展和环境方面的需要"。求取发展的权利必须实现。

1. 可持续发展是指：

可持续发展战略的核心是经济发展与保护资源、保护生态环境的协调一致，是为了让子孙后代能够享有充分的资源和良好的自然环境。

2. 可持续发展的意义：

科学技术以前所未有的速度和规模迅猛发展，增强了人类改造自然的能力，给人类社会带来空前的繁荣，也为今后的进一步发展准备了必要的物质技术条件。然而，这种掠夺式生产已经造成了生态和生活的破坏，大自然向人类亮起了红灯。

通过分析独特的区域文化，通过尊重地方文化特征和吸收地区文化特性，对当地一些自然和城市基本元素的保存和结合、区别和独立，以便创造一个和谐而多样化的城市空间。

(二) 保留一系列的自然原生的景观要素

把自然的基本元素与城市的基本元素结合起来，在城市空间的塑造中保持这些即使很细小但是非常有趣味的自然人文景观部分，但是相应的城市功能可以发生调整变化。如今新城的居民将来可以使用这样的城市空间去休闲、休息或者仅仅就是观赏和回忆自己过去熟悉的文化和环境，这是今后新城公共空间最重要的部分。所有的一切都应该能够帮助去为整个新城创造一个合理的、有理由、有因果关系和城市可识别性的生态可持续性的健康城市发展景观。发现、保留和塑造自然景观元素，如图 2-1 ～图 2-11 所示。

图 2-1

图 2-2

图 2-3

第二章 现代城市规划设计理念

图 2-4

图 2-5

图 2-6

图 2-7

图 2-8

图 2-9

图 2-10

图 2-11

（三）规划一系列开放的缓冲性城市公共空间

可持续的城市，需要一系列自然开放的城市缓冲空间，来区别和独立繁忙的城市空间和自然休闲空间，以此区别独立开自然与城市这样一些基本元素之间的特征。在城市的边缘地带用自然的元素去创造一个清楚逻辑的城市系统。用自然元素的不同位置和处理手法，能够创造多样性的城市层次空间，这包括道路交通系统、私人和公共空间系统和城市的其他重要节点的塑造。以此为相关重要的设计依据，来设置不同层次和空间下的城市建筑密度、容积率和建筑的高度等，这样原理塑造出来的城市，本身便具有当地地方特征的多样性的城市空间，它本身就是一个健康、生态可持续发展城市所必须具有的要素。

我们应该能够从当地的地方民居、古老旧城、老街中吸收、提取这样的城市细节，作为我们将来的设计课题，然后转换运用到新城的规划设计上。

感受缓冲性城市公共空间，如图 2-12～图 2-19 所示。

图 2-12

图 2-13

图 2-14

第二章 现代城市规划设计理念

图 2-15

图 2-16

图 2-17

图 2-18

图 2-19

二、生态城市理念

生态城市从广义上讲，是建立在人类对人与自然的关系更深刻认识基础上的新的文化观，是按照生态学原则建立起来的社会、经济、自然协调发展的新型社会关系，是有效地利用环境资源实现可持续发展的新的生产和生活方式。狭义地讲，就是按照生态学原理进行城市设计，建立高效、和谐、健康、可持续发展的人类聚居环境。

第一节 可持续发展的生态城市理念

图 2-20

图 2-21

"生态城市"作为对传统的以工业文明为核心的城市化运动的反思、扬弃,体现了工业化、城市化与现代文明的交融与协调,是人类自觉克服"城市病"、走向绿色文明的伟大创新,"生态城市"与普通意义上的现代城市相比,有着本质的不同。生态城市中"生态"两个字实际上就包含了生态产业、生态环境和生态文化三个方面的内容。生态城市建设内容涵盖了环境污染防治、生态保护与建设、生态产业的发展(包括生态工业、生态农业、生态旅游)、人居环境建设、生态文化等方面,涉及各部门各行业;这正是可持续发展战略的要求。

因此在本质上,生态城市建设是在区域水平上实施可持续发展战略的一个平台和切入点,是全面提升城市生态环境保护工作的重要载体,是全民参与的生态环境保护运动,通过生态城市建设才能最大限度地推动城市的可持续发展,改善城市的生态环境质量,为实现全面小康的目标打下坚实的基础。

生态宜居城市范例,如图 2-20～图 2-23 所示。

图 2-22

图 2-23

生态城市应满足以下八项标准：

（1）广泛应用生态学原理规划建设城市，城市结构合理、功能协调，如图2-24～图2-26所示。

（2）保护并高效利用一切自然资源与能源，产业结构合理，实现清洁生产，如图2-27、图2-28所示。

（3）采用可持续的消费发展模式，物质、能量循环利用率高。

（4）有完善的社会设施和基础设施，生活质量高，如图2-29、图2-30所示。

图2-27

图2-28

图2-24

图2-29

图2-25

图2-26

图2-30

（5）人工环境与自然环境有机结合，环境质量高，如图2-31～图2-36所示。
（6）保护和继承文化遗产，尊重居民的各种文化和生活特性，如图2-37～图2-40所示。
（7）居民的身心健康，有自觉的生态意识和环境道德观念，如图2-41、图2-42所示。
（8）建立完善的、动态的生态调控管理与决策系统。

图2-31

图2-32

图2-33

图2-34

图2-35

图2-36

图2-37

图2-38

图2-39

图2-40

图 2-41　　　　　　　　　　　　　　　图 2-42

三、宜居城市理念

宜居城市的概念及基本条件：适宜居住的城市观念是一个极其概括而又内涵丰富的概念。建设宜居城市当然不是否定或削弱城市经济的发展，而是发展城市经济的同时，还应从社会和生态环境方面来权衡经济发展的利与弊。

综合起来，我们认为，宜居城市就是要以人为本，为城市居民创造一个舒适、安全的工作和生活环境，实现城市的和谐、可持续发展。

所谓宜居城市，就是适合人们居住的城市，必须具备两大条件：一个是自然条件，这个城市要有新鲜的空气、洁净的水、安全的步行空间、人们生活所需的、充足的设施；另一个是人文条件，宜居城市应是人性化的城市、平民化的城市、充满人情味和文化的城市，让人有一种归属感，觉得自己就是这个城市的主人，这个城市就是自己的家，如图 2-43 ~ 图 2-51 所示。

图 2-43　　　　　　　　图 2-44　　　　　　　　图 2-45

图 2-46　　　　　　　　图 2-47　　　　　　　　图 2-48

图 2-49

图 2-50

图 2-51

第二节　统筹发展理念

一、城乡统筹

1. 统筹城乡发展，确定合理的城乡发展结构，加快城乡一体化发展进程，如图 2-52 所示。

图 2-52　城乡空间结构

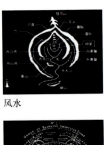
风水

田园城市

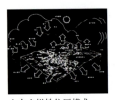
生态多样性住区模式

图 2-53　城乡结构模式

图 2-54　城乡融合发展

2．以城带乡，区域整合，如图 2-53、图 2-54 所示。
3．城乡融合的基础设施网络结构，如图 2-55 所示。

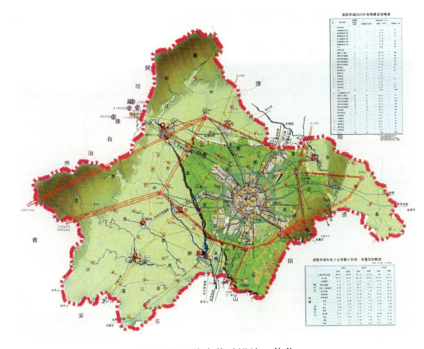

图 2-55　城乡基础设施一体化

二、区域统筹

1．主体功能区划分

根据全省自然、社会经济条件、人口密度、城市发展等综合因素，将全省划分为五大经济区，如图2-56所示。

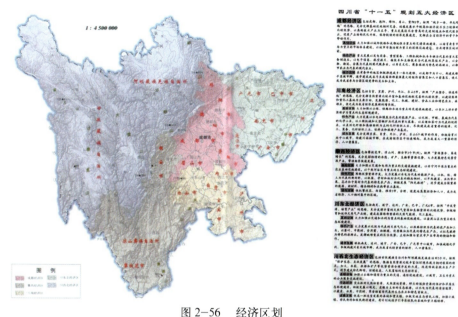

图2-56　经济区划

2．跨区域协调发展

谋划区域整体发展，协调发展，确定合理的区域空间整体布局，如图2-57、图2-58所示。

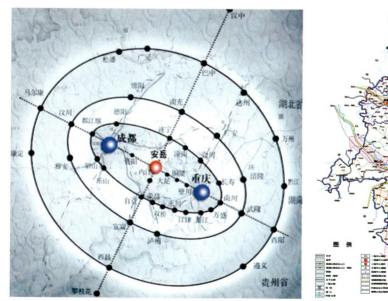

图2-57　成渝经济圈

图2-58　城镇空间结构

3．跨区域基础设施一体化发展，跨区域交通、给水、电力、环保等基础设施应从区域一体化角度规划，如图2-59、图2-60所示。

图2-59　山区道路

图2-60　区域基础设施一体化

三、城乡规划建设与社会经济发展相统筹

（1）社会经济发展是城乡规划建设的基础。
（2）城乡规划建设是社会经济发展的重要组成部分。
（3）城乡规划建设引导社会经济的发展。

第三节　城市风貌特色发展理念

全球化与快速城市化使中国城市的地方特征和城市风貌特色正逐渐丧失，已经成为中国当代城市的一个重要问题。城市风貌特色作为极具价值的"稀缺性"资源，正在发展成为政府经营城市的重要手段和参与全球化竞争的锐利武器。

城市风貌就是城市的自然景观和人文景观及其所承载的历史文化和社会生活内涵的总和，是城市居民定位和认同的根本，是生态过程和社会经济过程的载体，并讲述城市历史文化故事，是城市可持续发展的基础。

一、国内外城市风貌建设的普遍共识

（1）城市建设以当今经济和社会为基础，与之适应。体现最大多数人的意志，不是某个强权人物或规划设计者的一厢情愿——历史的传承。

（2）城市区与自然区域比例适度才是一个看起来和感知起来和谐的城市——人文生态的融合。

（3）城市应充分利用自然地形、山水环境并与之融合才能创造一个更为优美恰当的城市景观——城市特色。

（4）城市应有公共开敞空间体系，包括步行街体系、广场体系、公园体系，其尺度要恰当，设计应实用，以满足市民各种公共活动的需要——城市游走系统。

（5）城市形态结构分区应明确，易于感知和认识——地域文化特征。

（6）城市应有相对完整的供观览游赏的历史地区，作为遗产永继传承，提升城市品质，加深城市内涵——历史文脉的延续，如图2-61～图2-64所示。

图2-61

图2-62

图2-63

图2-64

二、城市规划中城市风貌的主要研究内容

（1）维护自然过程包括水文、生物等在内的自然过程的安全，确保城市的生态安全与可持续发展——生态优先，如图2-65～图2-67所示。

（2）保护和弘扬地方特色的自然和人文景观，维护乡土文化遗产安全——历史文化保护，如图2-68～图2-71所示。

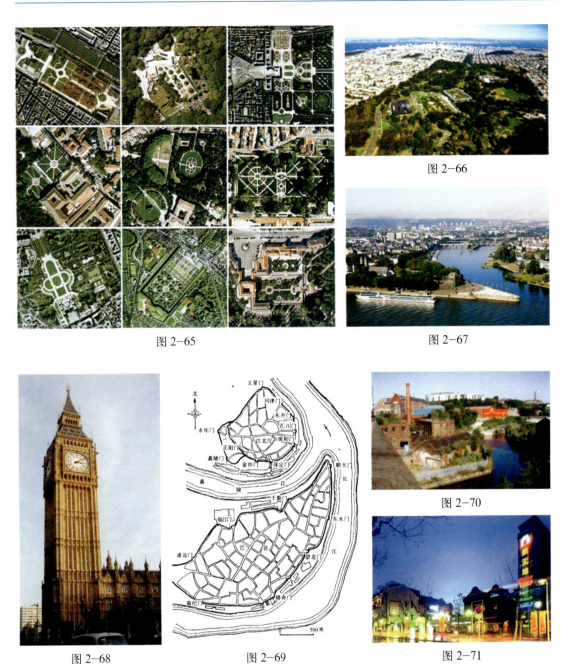

图 2-65

图 2-66

图 2-67

图 2-68

图 2-69

图 2-70

图 2-71

(3) 显山露水，城乡融合，维护水陆、城市和乡村、自然和人文的空间联系安全——人文生态融合，如图 2-72～图 2-74 所示。

(4) 对非建设用地的规划与控制，保护城市多样的自然、生物、人文资源，使其成为开展公众教育和观光休闲的基地——生态资源的利用，如图 2-75～图 2-77 所示。

(5) 优化城市的发展方式与空间形态特征——特色城市风貌，如图 2-78 所示。

第三节　城市风貌特色发展理念

图 2-72

图 2-73

图 2-74

图 2-75

图 2-76

图 2-77

图 2-78

17

三、四川省主要城市的城市风貌塑造要点
——特色功能、特色风貌、特色景观、特色建筑

（1）把河流、山体带回城市，建立流动的城市生态环境，如图2-79～图2-83所示。

图2-79

图2-80

图2-81

（2）建立承载历史文化，展示城市形象，聚集城市人气，高土地价值的江河人文生态产业带，如图2-84所示。

（3）支撑起都市区空间的主要脊梁——交通轴线，如图2-85、图2-86所示。

（4）合理处理城市"山、水、城、田"的各类要素的层次关系，突出城市特色，如图2-87、图2-88所示。

（5）保护城市传统街区，建立城市特色游走系统，如图2-89、图2-90所示。

图2-82

图2-83

图2-84

图2-85

图2-86

图 2-87

图 2-88

图 2-89

图 2-90

第四节　安全发展理念

1. 合理选址

城市选址应尽量避开地震断裂带、洪水淹没区、易涝区、泥石流影响区、地质塌陷与采空区、崩塌、水资源缺乏区。

2. 安全规划

安全和谐，以人为本的城市应有完善的综合防灾规划。

防洪排涝规划：现状概况及存在问题、确定城市防洪及排涝标准、提出防洪总体方案及主要工程措施、提出排涝总体方案及主要工程措施，如图 2-91～图 2-93 所示。

抗震规划：提出地震的危害程度估计，城市抗震防灾现状、易损性分析和防灾能力评价，不同强度地震下的震害预测等。确定城市抗震防

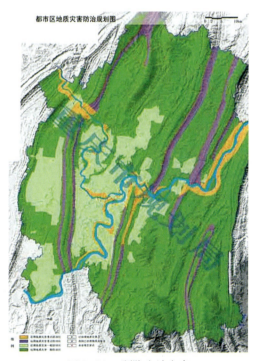
图 2-91　预防山地灾害

第二章 现代城市规划设计理念

图 2-92　防洪防涝规划　　　　　图 2-93　消防规划

灾规划目标、抗震设防标准。对建设用地进行抗震评价与要求，提出抗震防灾措施。

消防规划：现状概况及存在问题，确定城市重点消防地区，城市一般消防地区，防火隔离带及避难疏散场地，对城市消防安全布局、城市消防站、消防通信消防供水、消防车通道提出要求。

地质灾害防治规划：地质灾害现状及趋势预测、存在问题，提出规划目标，明确地质灾害易发区、防治区和防治重点，如图 2-94～图 2-96 所示。

图 2-94　地质灾害防治　　　　　图 2-95　市域消防规划

第四节　安全发展理念

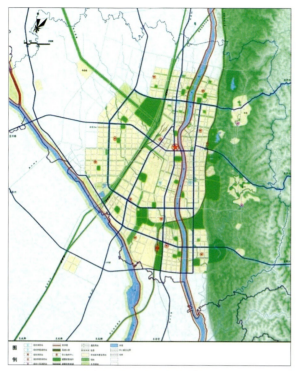

图 2-96　地下空间规划

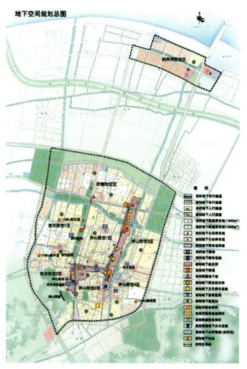

图 2-97　地下空间规划

防空规划：确定城市战略地位；城市总体布局与防空区（片）划分；临战人口疏散交通系统及疏散路线；临战人员与物资应急集散场所；战时人防防护体系；城市人口疏散比例与疏散地域的确定、分布与建设原则；城市重点目标和重要经济目标（含城市基础设施，余同）的确定、分布与防护原则；城市人防通信警报设施分布及建设原则；城市人防工程分布及配套建设原则；城市普通地下空间战时利用原则；易燃、易爆、剧毒物品及其场所的管理与应急处理原则，有关使用和储存设施的布局和选址要求，见图 2-97。

突发公共事件应对规划：完善应急指挥体系，健全应急预案体系，加强监测预警系统建设，整合完善技术支撑体系，强化应急队伍建设，提高应急物资保障能力，加强紧急运输保障能力建设，建立健全恢复重建系统。

第三章 加强规划，塑造优美的城乡环境

第一节 城乡规划管理工作内容简介

一、城乡规划组织、编制、审批、实施和监督

（1）各级人民政府及相应的规划建设部门组织编制城乡规划，应当将城乡规划的编制和管理经费纳入本级财政预算。

（2）编制城市规划，应当坚持政府组织、专家领衔、部门合作、公众参与、科学决策的原则。

（3）城乡规划组织编制机关应当委托具有相应资质等级的单位承担城乡规划的具体编制工作。

（4）省域城镇体系规划、城市总体规划、镇总体规划批准前，审批机关应当组织专家和有关部门进行审查。

（5）设市城市的总体规划，由城市人民政府报省、自治区人民政府审批。

（6）县人民政府组织编制县人民政府所在地镇的总体规划，报上一级人民政府审批。

（7）其他镇的总体规划由镇人民政府组织编制，报上一级人民政府审批。

（8）城市、县、镇人民政府应当根据城市总体规划、镇总体规划、土地利用总体规划和年度计划以及国民经济和社会发展规划，制定近期建设规划，报总体规划审批机关备案。

（9）按照国家规定需要有关部门批准或者核准的建设项目，以划拨方式提供国有土地使用权的，建设单位在报送有关部门批准或者核准前，应当向城乡规划主管部门申请核发选址意见书。其他建设项目不需要申请选址意见书。

（10）在城市、镇规划区内以划拨方式提供国有土地使用权的建设项目，经有关部门批准、核准、备案后，建设单位应当向城市、县人民政府城乡规划主管部门提出建设用地规划许可申请，由城市、县人民政府城乡规划主管部门依据控制性详细规划核定建设用地的位置、面积、允许建设的范围，核发建设用地规划许可证。

（11）在城市、镇规划区内以出让方式提供国有土地使用权的，在国有土地使用权出让前，城市、县人民政府城乡规划主管部门应当依据控制性详细规划，提出出让地块的位置、使用性质、开发强度等规划条件，作为国有土地使用权出让合同的组成部分。未确定规划条件的地块，不得出让国有土地使用权。在签订国有土地使用权出让合同后，向城市、县人民政府城乡规划主管部门领取建设用地规划许可证。

（12）在乡、村庄规划区内进行建设的，建设单位或者个人应当向乡、镇人民政府提出申请，由乡、镇人民政府报城市、县人民政府城乡规划主管部门核发乡村建设规划许可证。

（13）城乡规划的修改应当依法并按合法程序进行。

（14）县级以上人民政府及其城乡规划主管部门应当加强对城乡规划编制、审批、实施、修改的监督检查。

二、城乡规划的层次结构

中华人民共和国城乡规划法所称城乡规划，包括城镇体系规划、城市规划、镇规划、乡规划和村庄规划。城市规划、镇规划分为总体规划和详细规划。详细规划分为控制性详细规划和修建性详细规划。

其关系是：下位规划要符合上位规划的要求

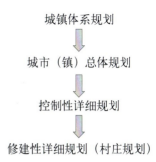

三、城市（镇）各类专项规划

除了上述按层次分的城乡规划外，还有许多侧重于专业、专项的规划，包括城市（镇）风貌规划、城市（镇）绿地系统规划、城市（镇）消防规划、历史文化名城保护规划、人防规划、防洪规划、商业网点规划、旧城更新规划等。

第二节 城（村）镇体系与城乡统筹发展规划

一、城镇体系规划

全国、省域和地市域范围的规划叫城镇体系规划，侧重于该行政区域内的产业布局、城市化水平、城镇等级结构、规模结构、职能结构和空间布局的规划，大区域的交通、给水、电力、电信等基础设施规划，大区域的生态、环保、旅游发展规划和区域空间管制规划等内容，如图3-1、图3-2所示。

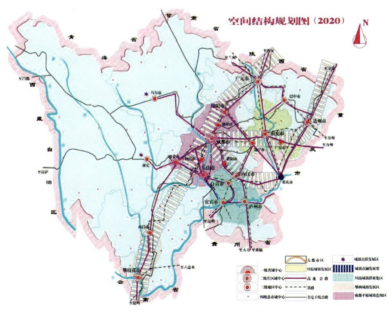

图 3-1 城镇体系空间结构规划

第三章 加强规划，塑造优美的城乡环境

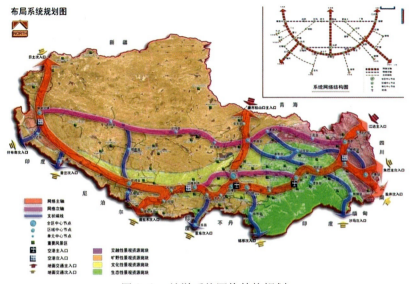

图 3-2 旅游系统网络结构规划

二、村镇体系规划

县域和乡（镇）域范围的规划叫村镇体系规划，侧重于该行政区域内的产业布局、城乡统筹、社会主义新农村建设、村镇规模、村镇职能和空间布局的规划，该行政区域的交通、给水、排水、电力、电信等基础设施规划和村镇公共服务设施规划，该行政区域的生态、环保、旅游发展规划和区域空间管制规划等内容，如图3-3、图3-4所示。

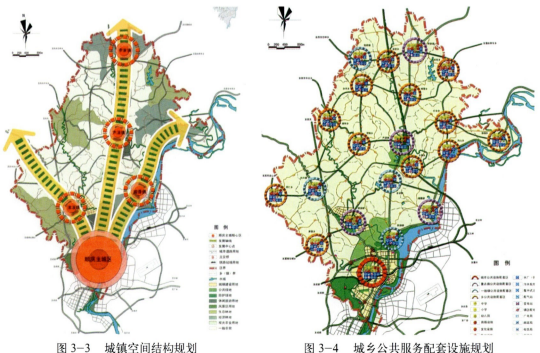

图 3-3 城镇空间结构规划　　　　　图 3-4 城乡公共服务配套设施规划

三、市（县）域城（村）镇体系规划的主要内容

以自然、社会经济发展条件和目标为依据，提出市域城乡统筹发展战略，如图3-5、图3-6所示。

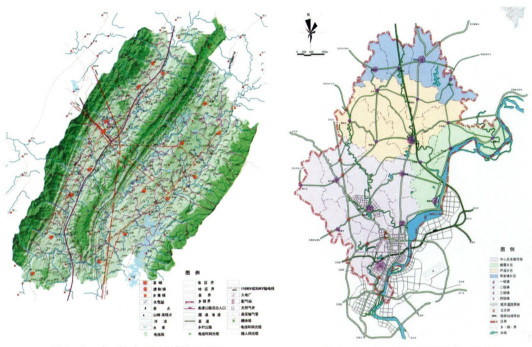

图3-5　市（县）域村镇体系规划　　　　图3-6　市（县）域村镇体系规划

（1）明确市（县）域生产力布局和建设用地规模；
（2）预测市（县）域总人口及城镇化水平；
（3）规划市（县）域城镇等级结构
（4）确定各城镇人口规模；
（5）确定各城镇职能分工；
（6）确定市（县）域城镇空间布局方案；
（7）原则确定市（县）域交通发展策略；
（8）原则确定市（县）域给水、排水、电力、通信、燃气发展策略；
（9）确定各城镇公共服务设施配套和建设标准；
（10）确定生态环境、土地和水资源、能源、自然和历史文化遗产保护等方面的综合目标和保护要求，提出空间管制原则。

第三节 城市（县城）总体规划

一、城市总体规划的任务

是根据城市规划纲要，综合研究和确定城市性质、规模、容量和发展形态，统筹安排城乡各项建设用地，合理配置城市各项基础工程设施，并保证城市每个阶段发展目标、发展途径、发展程序的优化和布局结构的科学性，引导城市合理发展。

图 3-7　成渝经济区内区位

二、城市总体规划的主要内容

（1）对市（县）辖行政区范围内的产业布局、城镇体系、交通系统、基础设施、生态环境、风景旅游资源开发进行合理布置和综合安排。

案例：南充市城市总体规划（2008～2030年）

图 3-7～图 3-10 为总规区位分析

区域发展战略地位分析：成渝经济区北部中心城市；区域性次级交通枢纽，重要的物资集散地；中国西部新兴能源、石油天然气化工基地；嘉陵江流域生态文化旅游区的重要组成部分。

市域产业发展：新型城市化推动下的新型产业化——构建以石油化工、机械汽配、纺织服装、农产品加工等现代制造业为主体，现代农业为支撑，现代服务业、商贸旅游业协调发展，与特大城市相适应的现代产业体系。

图 3-8　成渝经济区内区位

第三节 城市（县城）总体规划

图 3-9 产业区位

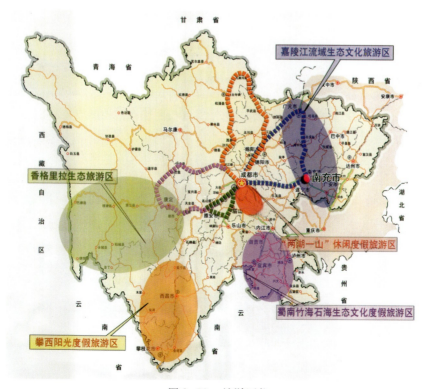

图 3-10 旅游区位

第三章 加强规划，塑造优美的城乡环境

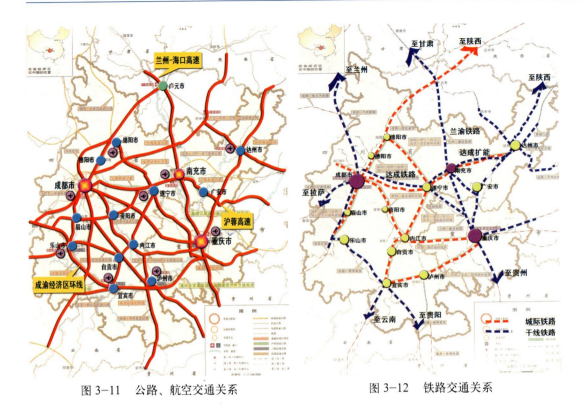

图 3-11　公路、航空交通关系

图 3-12　铁路交通关系

图 3-13　航道、港口交通关系

图 3-11 ～图 3-13 为区域交通关系图

成渝经济区北部研究：

共谋区域内交通、通讯、网络、电力等重大基础设施项目建设。强化区域分工协作，实现与区域内其他城市的协同错位发展，形成良好的竞合关系。走区域特色发展之路。努力培育有区域竞争力优势的商贸流通产业、石油、天然气化工工业、丝绸纺织工业、机械工业，完善基础设施条件，建成成渝经济区北部的中心城市。

区域交通研究：

南充未来的交通在成渝之间具有强大的比较优势。随着水、陆、空等交通条件的大大改善，南充已经不是简单的"川东北"意义上的城市，而上升到更加广阔的空间。将成为成渝经济区北部的交通枢纽。真正实现历史所赋予的"西通蜀都、东向鄂楚、北引三秦、南联重庆"的使命。

第三节 城市（县城）总体规划

"大南充"需要实施"强心战略"，做大、做强都市区，使之成为拉动"大南充"经济发展的龙头，成为区域性的经济中心，成为整合成渝经济区北部资源，创新经济区发展的成渝经济区第三城。

通过南充之心的聚焦、极化和扩散作用，整合各类要素，将有限的资源集中到几大重要突破上，通过强大现代服务业都市区，实现"大南充"范围的"拥江发展"，最终通过市域内的轴线式突破和提升，拉动"大南充"的全面发展。

形成"一心一带三轴"市域空间格局：

以南充中心城区为核心，以嘉陵江流域为重点经济带，以主要交通干线为轴线，以县城为辅助增长极，通过"核的集聚、带的生长、网的复合"，总体形成"一心一带三轴"的空间发展格局。

规划打破城乡二元结构，以实现城乡和区域的统筹发展为目标，根据"一心一带三轴"的市域空间布局和城镇发展特征，全市形成"一级中心城市——二级中心城市——三级重点镇镇——四级一般建制镇"的四级城镇体系，逐步形成分工合理、高效有序的网络状城镇空间结构。

建议将西充、蓬安调整为区，有利于区域一体化发展。未来将成为中心城市产业和城市功能拓展的主要区域。南西蓬地区是南充市实施"强心战略"的核心发展区，也是最适宜城乡统筹的区域。

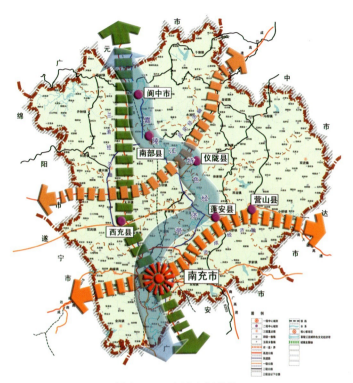

图 3-14　市域空间结构

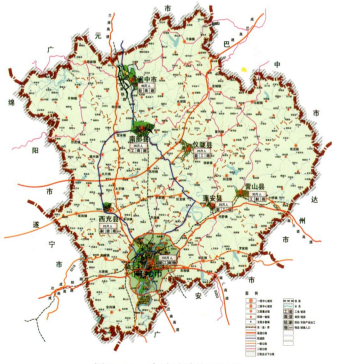

图 3-15　市域城镇体系规划

第三章 加强规划，塑造优美的城乡环境

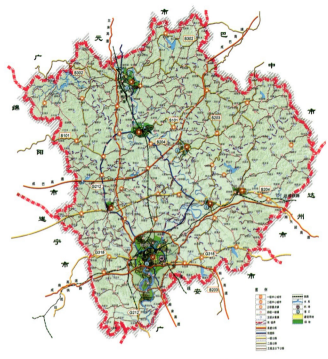

图 3-16　市域交通系统规划

1）区域对接策略：规划突出区域对接思想，为上层次区域规划、区域交通规划提供参考，为市域内部建设中预留交通通道建设的空间。

2）结构优化策略：完善以公路为主导，铁路、航空、水运为补充的运输体系，加强干线公路网系统建设；

3）强化提升策略：强化与成都、重庆、广元、达州的交通联系，提升城市交通地位；提升市域交通设施规模和水平，提高城市的综合竞争力，突出南充作为成渝经济北部中心的作用。

针对南充市的具体情况，根据城镇发展的空间优化和经济、社会、资源、环境协调发展要求，将全市划分为四类空间进行分类管制，并提出了具体的管制措施。

1）优化建设区空间管制

优化建设区系指全市域内的所有城镇与村庄的建成区，其发展主要是结构调整、集约发展、生态友好模式发展，突出资源利用的优化。

2）重点开发区空间管制

重点开发区是指规划期内市域新增的城市建设区、村镇聚落扩展区。是根据市域工业化、城镇化战略要求，资源优先配置的发展区。

3）限制开发区空间管制

指风景名胜区、城镇总体规划建设用地以外的一般农田、林地、园地、河流两侧的绿化带、

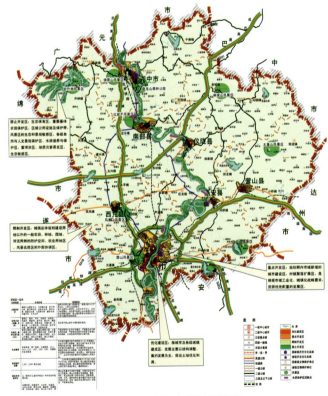

图 3-17　市域生态网络规划

区域交通与水利设施的防护空间、牧业用地区、风景名胜区的外围协调区等。其空间管制主要突出对开发的限制。

4）禁止开发区空间管制

包括生态保护区、重要基本农田保护区、区域公用设施及保护带、风景区的生态和景观敏感区、各级自然与人文景观保护区、水源涵养与保护区、蓄滞洪区、地质灾害易发区、生态敏感区等，是具有重大的生态培育、调节功能，重要的自然和人文价值，以及对人民生命财产会造成危害的地区。禁止在区内进行任何与保护功能无关的开发建设活动。

（2）确定规划期内城市人口及用地规模，划定城市规划区范围。

（3）确定城市用地发展方向和布局结构，确定市、区中心区位置。

本轮规划通过对南充区域（大南充）及城市（主城区）空间的分析，进一步提升城市空间发展战略。其主要内容为：

1）近期（~2020年）深化"以江为轴、跨江东进、拥江发展"的战略思想。

由顺庆旧城区、江东片区、嘉陵主城区共同构建"拥江主城区"。

2）远期—远景期（~2030~2050年）南北拓展、三城同构、紧凑城市。

中远期至远景期主要发展方向为南北向，构建"北部新城和产业新城"与"拥江主城"共同形成"三城同构的紧凑城市"。

远期城市由9个主要的城市功能片区构成的"三城"结构分别为：

A．拥江主城：拥江主城区（含商务、行政、文化区）。包括顺庆旧城片区、白土坝—燕儿窝片区、高坪江东片区、

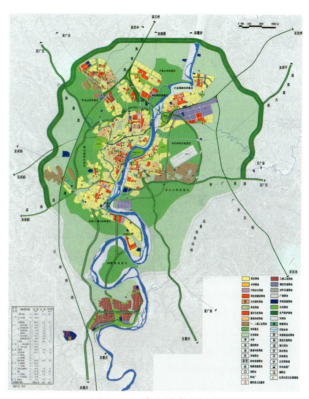

图3-18 中心城市用地规划图

图3-19 中心城市道路交通规划图

第三章 加强规划，塑造优美的城乡环境

都尉—西兴片区、青莲—老君片区。共计约80平方公里。

B．产业新城：文峰、河西片区。以石油、天然气化工产业为主的新城。共计约25平方公里。

C．北部新城：漾溪—荆溪片区、小龙—龙门片区共计约55平方公里。

（4）确定城市对外交通系统的结构和布局，编制城市交通运输和道路系统规划，确定城市道路等级和干道系统、主要广场、停车场及主要交叉路口形式。

规划通过中心城市内部利用交通走廊引导城市空间有序拓展。优先发展公共交通，建设高速公路、城市道路、预留轻轨的多层次、多种服务水平的系统，满足不同的交通需求。规划塑造"三环多廊道、拥江发展"的交通格局。

"三环"：三条城市环线。分别内环、一环和二环。

1）内环为拥江核心区的重要通道。

2）一环线为在现有城市绕城高速公路为城市内部高速交通服务。

3）二环线为城市发展后，重新规划一条为处理好城市各主要片区的交通联系以及解决过境交通和区域交通转换服务的城市外环线作为新的城市绕城高速公路。串联城市主要片区。

"多廊道"：为多条将主城区与周边组团串联起来的快速城市道路。

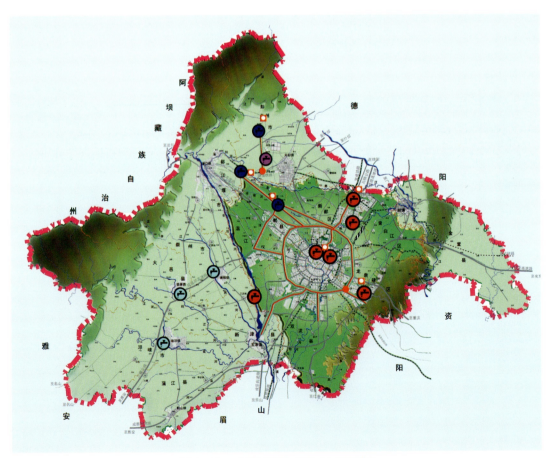

图3-20 市域城镇体系污水工程规划

多条快速城市道路是引导城市主要功能区与城市主要产业空间的重要交通联系。

(5) 确定城市供水、排水、防洪、供电、通信、燃气、供热、消防、环保、保卫等设施的发展目标和总体布局,并进行综合协调。

(6) 确定城市河湖水系和绿化系统的治理、发展目标和总体布局。

(7) 据城市防灾要求,做出人防建设、抗震防灾规划。

(8) 确定需要保护的自然保护地带、风景名胜、文物古迹、传统街区,划定保护和控制范围,提出保护措施。

(9) 各级历史文化名城要编制专门的保护规划。

(10) 确定旧城改造、用地调整的原则、方法和步骤,提出控制旧城人口密度的要求和措施。

(11) 对规划区内农村居民点、乡镇企业等建设用地和蔬菜、牧场、林木花果、副食品基地做出统筹安排,划定保留的绿化地带和隔离地带。

(12) 进行综合技术经济论证,提出规划实施步骤和方法的建议。

(13) 编制近期建设规划,确定近期建设目标、内容和实施部署。

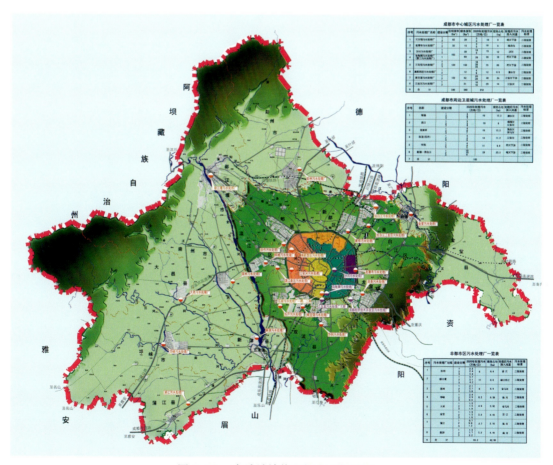

图 3-21 市域城镇体系供水工程规划

第三章 加强规划，塑造优美的城乡环境

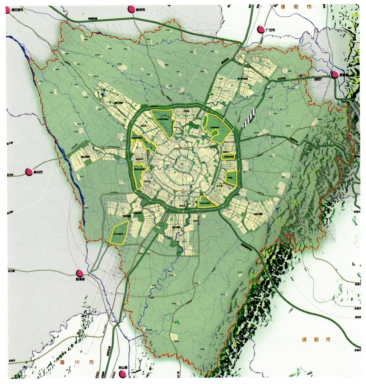

图 3-22　成都市区绿地系统规划

图 3-23　重庆市万州区城市人防、防地质灾害规划图

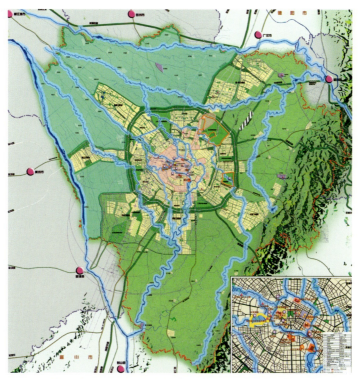

图 3-24　成都市中心城市历史文化名城保护规划图

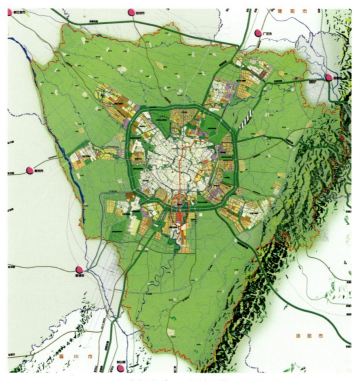

图 3-25　成都市中心城市近期建设规划图

第四节 乡镇总体规划

一、乡镇在我国现行行政序列中的位置

二、乡镇在城市规划中的位置

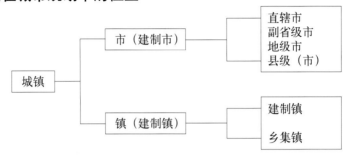

乡镇规划在城市规划中属于小城镇规划。

小城镇前面冠以"小"字，是相对于城市而言，人口规模、地域范围、经济能量、影响能力等较小而已。

不同的学界，由于所处的角度和视点不同，对小城镇的含义还有理解或研究重点上的差异。

由于县城的规划程序和内容按城市规划的规划程序和内容进行，笔者认为小城镇主要针对不包括县城城关镇的建制镇和集镇。

三、小城镇的分类

（一）小城镇的等级层次分类

1. 小城镇的现状等级层次

县城城关镇：县域内的政治、经济、文化中心。城镇内的行政机构设置和文化设施比较齐全。

建制镇：县城以外建制镇是县域内的次级小城镇，是农村一定区域内政治、经济、文化和生活服务中心。

集镇：按国家规定"集镇"包括"乡、民族乡人民政府所在地"和"经县人民政府确认的由集市发展而成的作为农村一定区域经济、文化和生活服务中心的非建制镇"两种类型。

2. 小城镇的规划等级层次

县城镇：多为县域范围内规划的中心城市（广义）。

中心镇：系指居于县（市）域内一片地区相对中心位置且对周边农村具有一定社会经济带动作用的小镇，为带动一片地区发展的增长极核，分布相对均衡。

一般镇：是指乡（镇）政府所在地的集镇，这类乡镇的经济和社会影响范围限于本乡（镇）行政区域内，多是农村的行政中心和集贸中心，镇区规模普遍较小（2000～5000人），基础设施水平也相对较低，第三产业规模和层次较低。

（二）小城镇的规模分类

小城镇的人口规模按镇区驻地规划总人口来计算，可分为大、中、小三个等级，见表3-1。

小城镇人口规模分类(万人)　　　　表 3-1

类别	小	中	大
人口规模	<1	1~3	>3

四、乡镇总体规划的内容

(一)小城镇总体规划的内容

小城镇总体规划内容主要分两大板块:镇域总体规划和镇区建设规划。

镇域总体规划的内容:

市域城镇网络结构图见图 3-26,镇域综合现状图见图 3-27。

(1)镇域基本条件(自然条件、历史沿革、经济基础等)分析与评价。

(2)确定镇的性质和发展方向,划定镇区的规划区范围。

(3)确定乡镇企业的发展与布局,进行产业结构分析和布局(第一、第二、第三产业构成和地域分布)。

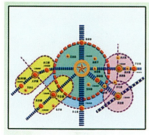

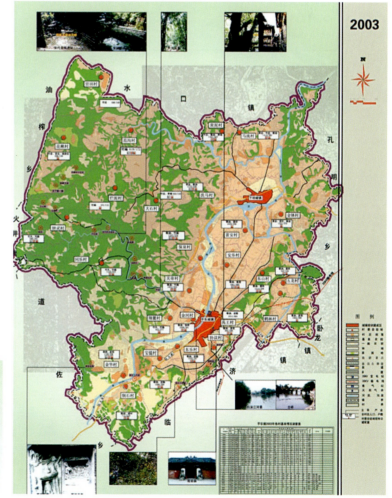

图 3-26　市域城镇网络结构图　　　　图 3-27　镇域综合现状图

城镇结构及周边关系分析图见图3-28，城域总体规划图见图3-29。

（4）与土地利用规划相协调，处理好城镇建设与基本农田保护的关系。安排基础设施和社会服务设施。

（5）确定中心村和村庄布局（含迁村并点规划设想）。划定需要保留和控制的绿色空间。

图3-28　城镇结构及周边关系分析图

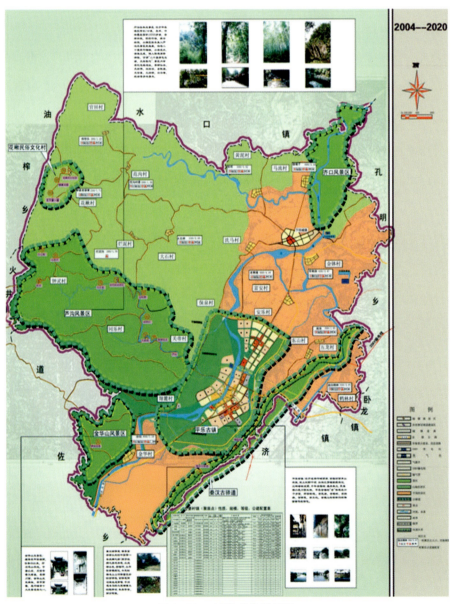

图3-29　镇域总体规划图

(6) 确定生态环境保护的目标和措施、确定自然人文景观和历史文物的保护要求与措施。

成都市域关系图见图 3-30, 镇域空间管制规划见图 3-31。

(二) 镇区建设规划的内容

(1) 确定镇区人口和用地发展规模。

(2) 确定镇区建设和发展用地的空间布局、用地组织以及镇区中心。

图 3-30　成都市域关系图

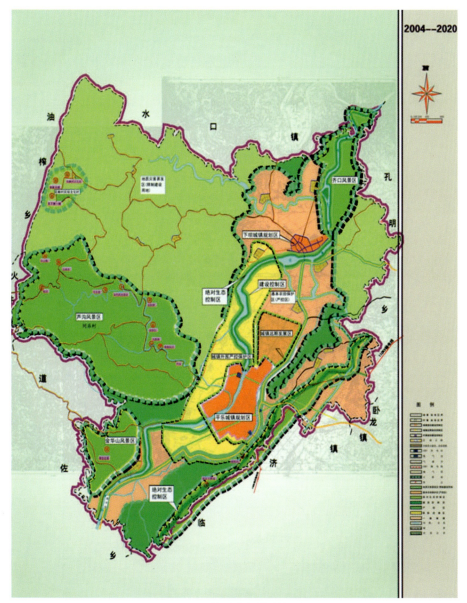

图 3-31　镇域空间管制规划图

(3)确定过境公路（含车位）、铁路（含站场）、港口码头、机场、运输管道的位置及布局，处理好对外交通设施与镇区的关系，综合现状分析图见图3-32。

(4)确定镇区道路系统的走向、断面、主要交叉口形式，确定镇区广场、停车场的位置、容量。

(5)综合协调并确定城市供水、排水、供电、通信、燃气、供热、环卫等设施的发展目标和总体布局。

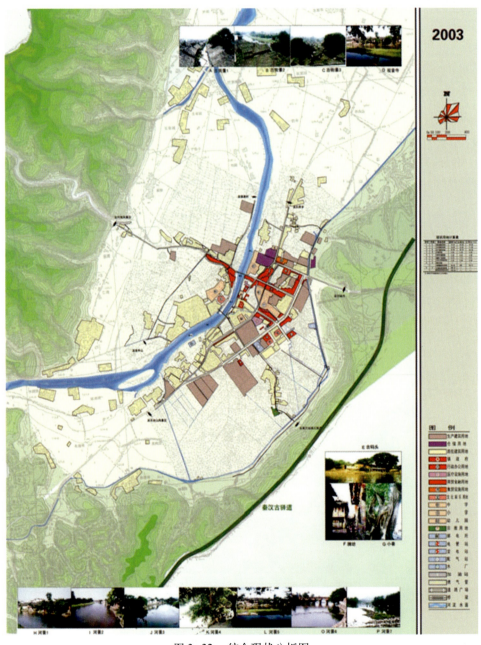

图3-32　综合现状分析图

(6) 确定园林绿地系统的发展目标及总体布局。

(7) 确定城镇环境保护目标，提出防治污染措施。

用地评价图见图 3-33，用地布局规划图见图 3-34。

核心区建筑整治图见图 3-35，核心区现状图见图 3-36，古迹保护及绿地景观规划见图 3-37。规划设计立面见图 3-38。旅游线路组织规划图见图 3-39。

(8) 编制城镇防灾规划，提出人防、抗震、消防、防洪、防风、防泥石流、防地方病的规划目标和总体布局（图 3-40）。

(9) 确定需要保护的风景名胜、文物古迹、传统街区，划定保护和控制范围，提出保护措施，见图 3-41。

(10) 确定旧区改建、用地调整的原则、方法和步骤，提出改善旧城区生产、生活环境的要求和措施。

图 3-33　用地评价图

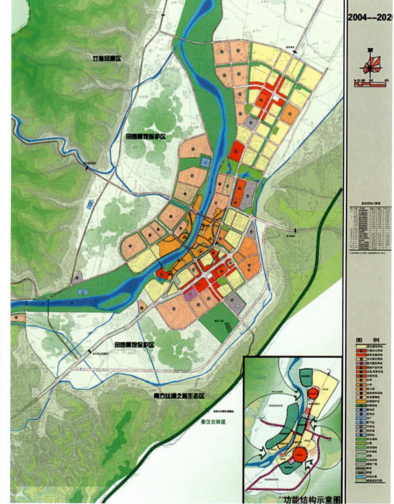

图 3-34　用地布局规划图

第三章　加强规划，塑造优美的城乡环境

图 3-35　核心区建筑整治图

图 3-36　核心区现状图

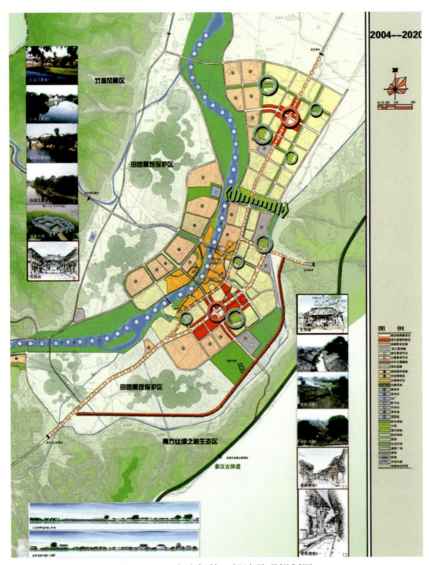

图 3-37　古迹保护及绿地景观规划图

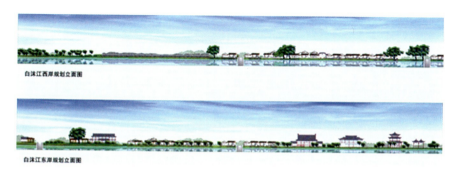

图 3-38　规划设计立面图

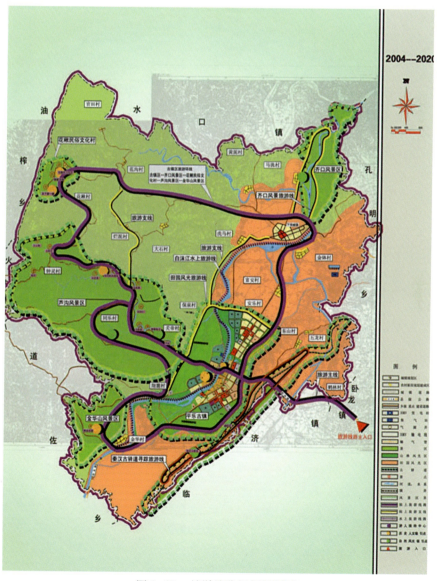

图 3-39　旅游线路组织规划图

第三章　加强规划，塑造优美的城乡环境

图 3-40

(11) 进行综合技术经济论证，提出规划实施步骤、措施和方法的建议。

(12) 编制近期建设规划，确定近期建设目标、内容和实施部署（图 3-42）。

（三）镇区建设规划的深度

镇区建设规划基本按城市总体规划的深度进行。其中用地布局和道路规划的内容比城市总体规划要深，道路规划要给出主要道路交叉口的坐标和标高管线工程规划图见图 3-43、道路工程规划图见图 3-44。

图 3-41　古镇保护区划分图

图 3-42　近期建设规划图

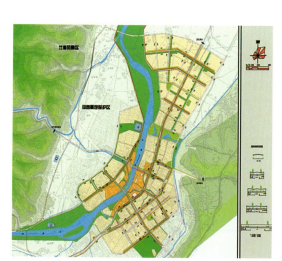

图 3-43　管线工程规划图

图 3-44　道路工程规划图

第五节　城市（镇）详细规划

一、控制性详细规划

控制性详细规划是以总体规划（或分区规划）为依据，以规划的综合性研究为基础，以数据控制和图纸控制为手段，以规划设计与管理相结合的法规为形式，对城市用地建设和设施建设实施控制性的管理，把规划研究、规划设计与规划管理结合在一起的规划方法。

控制性详细规划是在对用地进行功能分区的基础上，规定用地的性质、建筑量以及有关环境、交通、绿化、空间、建筑形体等的控制要求，通过立法实现对用地建设的规划管理，并为土地有偿使用提供了依据。

控制性详细规划为修建性详细规划和各项专业规划设计提供了准确的规划依据，全面解决综合开发及配套建设中可能忽略的漏洞，并从城市整体环境设计的要求上，提出意向性的城市设计和建筑环境的空间设计准则和控制要求，也为下一步修建性详细规划提供了依据，同时也可作为工程建设项目规划管理的依据。

（一）地位及作用

（1）控制性详细规划是规划与管理、规划与实施之间衔接的重要环节。

（2）控制性详细规划是宏观与微观、整体与局部有机衔接的关键层次。

（3）控制性详细规划是城市设计控制与管理的重要手段。

（4）控制性详细规划是协调各利益主体的公共政策平台。

（二）控制性详细规划的编制内容

（1）确定规划范围内不同性质用地界线，确定各类用地内适建、不适建或者有条件允许建设的建筑类型。

（2）确定各地块建筑高度、建筑密度、容积率、绿地率等控制指标；确定公共设施配套要求、交通出入口方位、停车泊位、建筑后退红线距离等要求。

（3）提出各地块的建筑体量、体形、色彩等城市设计指导原则。

（4）根据交通需求分析，确定地块出入口位置、停车泊位、公共交通场站用地范围和站点位置、步行交通以及其他交通设施。规定各级道路的红线、断面、交叉口形式及渠化措施、控制点坐标和标高。

（5）根据规划建设容量，确定市政工程管线位置、管径和工程设施的用地界线，进行管线综合。确定地下空间开发利用具体要求。

（6）制定相应的土地使用与建筑管理规定。

（三）案例分析

（1）综合现状图，控制现状分析图见图3-45。

（2）高程分析图，见图3-46。

（3）坡度分析图，见图3-47。

（4）布局图，控制用地布局图见图3-48、图3-49。

（5）功能结构图、绿地景观分析图，见图3-50。

（6）地块控制规划图，见图3-51。

（7）道路交通规划图，见图3-52。

（8）道路工程规划图，见图3-53。

（9）公共配套设施规划图，见图3-54～图3-57。

（10）给水排水工程规划图，见图3-58。

（11）电力电信燃气工程规划图，见图3-59。

图3-45　控规现状分析图

第五节 城市（镇）详细规划

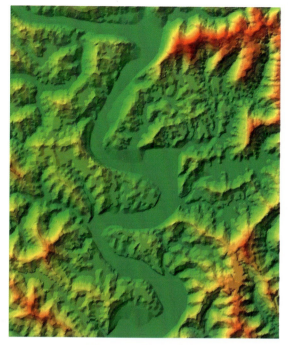

图 3-46 高程分析图

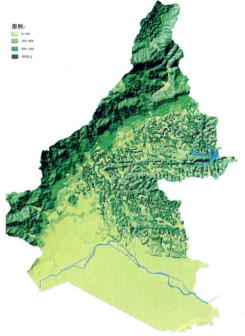

图 3-47 坡度分析图

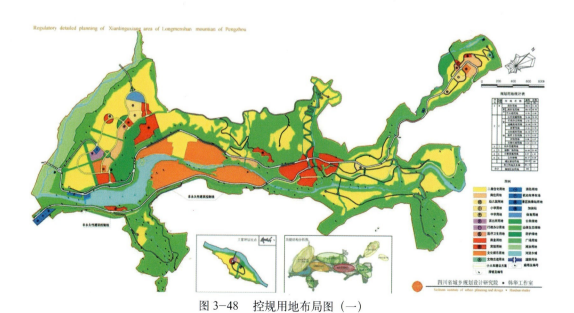

图 3-48 控规用地布局图（一）

第三章 加强规划，塑造优美的城乡环境

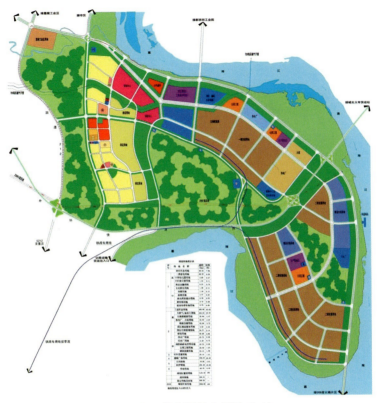

图 3-49　控规用地布局图（二）

图 3-50　功能结构图、绿地景观分析图

图 3-51　地块控制规划图

第五节 城市（镇）详细规划

图 3-52 道路交通规划图

图 3-53 道路工程规划图

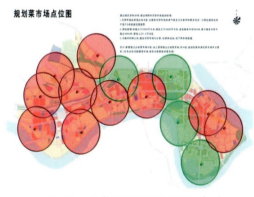

图 3-54 公共配套设施规划图（一）

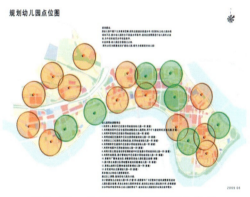

图 3-55 公共配套设施规划图（二）

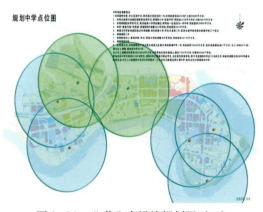

图 3-56 公共配套设施规划图（三）

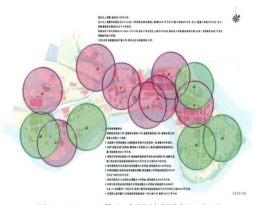

图 3-57 公共配套设施规划图（四）

49

第三章 加强规划，塑造优美的城乡环境

图 3-58 给水排水工程规划图

图 3-59 电力电信燃气工程规划图

二、修建性详细规划

修建性详细规划：以城市总体规划、分区规划和控制性详细规划为依据，制订用以指导各项建筑和工程设施的设计和施工的规划设计。

（一）修建性详规内容包括

（1）建设条件分析及综合技术经济论证；

（2）作出建筑、道路和绿地等的空间布局和景观规划设计，布置总平面图；

（3）道路交通规划设计；

（4）绿地系统规划设计；

（5）工程管线规划设计；

（6）竖向规划设计；

（7）估算工程量、拆迁量和总造价，分析投资效益。

（二）修建性详规文件和图纸主要包括

（1）修建性详细规划文件为规划设计说明书；

（2）修建性详细规划图纸包括：规划地区规划图、规划总平面图、各项专业规划图、竖向规划图、反映规划设计意图的透视图。图纸比例为 1/500～1/2000。

（三）修建性详细规划的具体做法

见图 3-60～图 3-63。

（四）村庄修建性详细规划（建设规划）选址和成果

1. 选址

农村聚居点和农村住房选址应遵循"安全、省地"的原则，有利于发展，方便生产、生活，便于基础设施配套；尽量不占或少占优质农田，耕地总量不减少，建设用地总量不增加，农地农用；尊重群众意愿，结合自然条件，提倡相对集中。农村聚居点和农村住房选址还应符合县域总体规划和乡镇总体规划，并避让自然保护区、风景名胜区及历史文化保护区的核心区域；

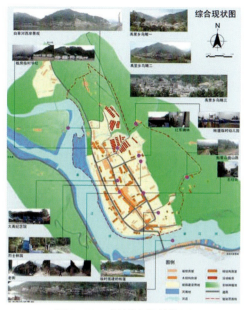

图 3-60　规划地段现状图

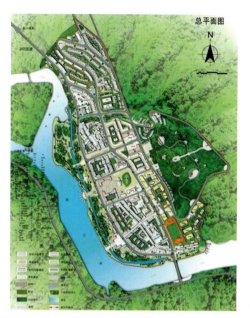

图 3-61　规划地段平面图

图 3-62　禹里乡文化广场鸟瞰图

图 3-63　禹里乡院落空间效果图

避开国家、省、市法律和法规规定的各类应当避让的区域。

2. 编制

按布局形态分为村落、院落和单体三个层次，村落的规模按照因地制宜的原则确定，分为三种类型：

(1) 小型农村聚居点：< 30 户；

(2) 中型农村聚居点：30 ~ 100 户；

(3) 大型农村聚居点：> 100 户。

对于小型农村聚居点，具体内容及深度可根据实际情况适当调整；中型和大型农村聚居点需按照编制内容及深度要求进行规划设计，修建性详细规划总平面图见图 3-64，地震灾后重建农房安置规划总平面图见图 3-65。

3. 表达规划设计意图的总体鸟瞰效果图，段山村鸟瞰图见图 3-66。

图 3-64　修建性详细规划总平面图　　图 3-65　地震灾后重建农房安置规划总平面图

图 3-66　段山村鸟瞰图　　　　　　　图 3-67　段山村建筑单体效果图

4. 单体方案图、效果图和设计说明（应包含建筑结构、造价等），段山村建筑单体效果图见图 3-67。

（五）建设实施项目修建性详细规划的内容

修建性详细规划的文件及图纸包括：

规划说明书、现状图、总平面规划图、道路系统规划图、绿地系统规划图、用地竖向规划图、工程管线规划及管网综合规划图等文件图纸，如图 3-68、图 3-69。

主要建筑平、立、剖面图以及效果图，如图 3-70～图 3-72。

第五节 城市（镇）详细规划

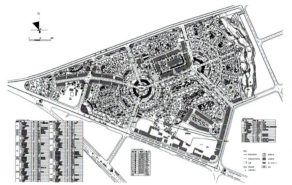

图 3-68　长宁竹海花园居住小区修建性详细规划总平面图

图 3-69　长宁竹海花园居住小区修建性详细规划效果图

图 3-70　长宁竹海花园居住小区修建性详细规划鸟瞰图

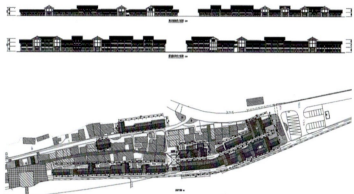

图 3-71　泸定县河西街修建性详细规划建筑立面图、平面图

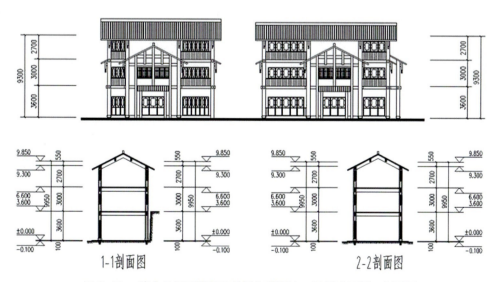

图 3-72　泸定县河西街修建性详细规划入口建筑立面图、剖面图

第六节 历史文化名城（镇、村）保护规划

一、保护规划编制重点和要求

（一）严格保护的基本认识

保护规划应全面、深入调查历史文化遗产的历史及现状，分析研究文化内涵、价值和特色，确定保护的总体目标和原则。丽江大研古镇局部，丽江大研古镇鸟瞰见图3-73、图3-74。历史文化名城（镇、村）保护规划必须遵循下列基本原则：

(1) 保护历史真实载体原则；
(2) 保护历史环境原则；
(3) 合理利用、永续利用原则。

（二）合理利用的积极意义

保护规划应在有效保护历史文化遗产的基础上，改善城市（镇、村）环境，适应现代生活的物质和精神需求，促进经济、社会协调发展。

保护规划应研究确定历史文化遗产的保护措施与利用途径，充分体现历史文化遗产的历史、科学和艺术价值，并应对历史文化遗产利用的方式和强度提出要求。为严格保护提供保障依据，为合理利用提供前提；合理利用同时促进更好的保护，丽江古城保护规划见图3-75。

丽江古城的保护在"严格保护、合理利用"方面做得相对成功，既保护了丽江古城本身，又保护了滇西高原上特有的纳西族文化，同时还为当地居民提供了增收途径。

（三）保护体系

看待历史文化名城要从全局的视点，运用城乡统筹的方法来构建整个

图3-73　丽江大研古镇局部

图3-74　丽江大研古镇鸟瞰

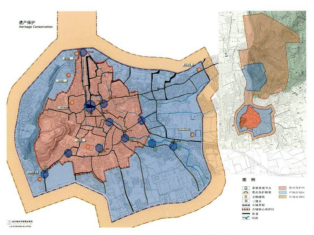

图3-75　丽江古城保护规划

第六节 历史文化名城（镇、村）保护规划

名城保护体系。这一体系应该包括：整个行政区划的历史文化名城保护—主城区的历史文化名城保护—历史文化街区—文物保护单位等几个层次。此外，历史文化名镇名村与历史文化街区应为同一层级，图 3-76～图 3-79 为历史文化保护规划。

图 3-76　阆中市市域历史文化环境保护规划

图 3-77　泸州市大小河街历史文化街区保护与整治规划图

图 3-78　泸州市核心城区历史文化保护规划

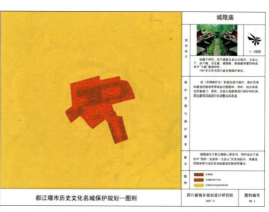

图 3-79　位于郊野的文物保护单位，除了文物本身之外，其周边的山形水势，植被等也应得到保护。图为位于都江堰北侧半山之上的城隍庙保护控制图则

55

（四）历史文化保护区与现状建成区的关系

现状广大的城市、镇村，由于城乡建设的需要，许多文物保护单位、历史文化街区、建筑群等，与大量非历史建筑连接成片融为一体，失去了最为理想模式下的历史文化环境。保护规划应制定切合实际、具有实施性的措施，严格保护核心历史文化区域，有效控制新增建设，采取与历史传统相符合的风貌改造办法，逐步治理综合环境，塑造具有生命力的历史文化空间，如图 3-80～图 3-83 所示。

图 3-80　意大利小城卢卡（Lucca），图中可以明显地看到其新城和历史文化保护区之间有明显的绿化隔离带。在这里，现状建成区和历史文化街区有着明显的界限，几乎可以看做两个相对独立的部分，除历史文化街区之外的城区在新建建筑风貌、城市肌理等方面灵活度相对较大

图 3-81　泸州市国宝窖池广场，其周边建筑部分进行了风貌整治（包括计划经济时代修建的厂房），以突显国宝窖池的历史地位

图 3-82　泸州市国宝窖池广场上的附属建筑，其建筑形式为传统风格，主要用以渲染文物保护单位的历史氛围

图 3-83　泸州市文物保护单位——凝光门，作为泸州老城墙的一部分，目前已被周边建筑淹没，而且周边环境混乱。

同样是在泸州，两个文物保护单位有着天壤之别的境遇，由此可见城乡环境综合治理任重道远。

二、城乡环境综合治理中历史文化名城（镇、村）保护规划的具体做法

（一）从全局把握历史文化名城，牢固树立"全域名城"的理念

历史文化名城保护规划不仅仅是主城区、核心区的规划，而应该放到整个城市／县的行政区划之内来考量。把市域、县域等内的各个文物点、历史文化街区、历史文化名城名镇名村、风景名胜区、民俗文化、传统技艺等统筹考虑，图 3-84 为市域历史文化保护规划。

图 3-84　市域历史文化保护规划

（二）突出重点，打造亮点

历史文化名城保护不仅要保护，而且要起到提升城市品位，传承城市文化，塑造城市形象的作用。因此，在此轮城乡环境综合治理中，应该将保护条件较好、人流相对集中的历史地段、历史文化街区、古镇、古村落、古遗址等打造成为名城的名片与城市亮点。

平乐古镇基础条件较好，距离西南重镇成都市约 100km。依托原有古镇，平乐对自身的

图 3-85　平乐镇游客中心　　　　　　　图 3-86　泸州市合江县尧坝古镇

品质作了极大提升，现已成为成都市重要的历史文化名镇和旅游目的地。图 3-85 为平乐镇游客中心。

图 3-86 是泸州市合江县尧坝古镇，其古建筑保存和古镇肌理完好，很能代表川南民居的特色。但离主城区和周边大城市均较远，故而影响力有限。

对于此类古镇，除了继续保护力度之外，改善交通条件，做好古镇对外宣传，提高其知名度。从而达到以展示促保护的目的也是当前亟待解决的问题。

（三）四是要注重历史传承，提升城市文化品位

重视各文物点、历史地段、历史文化街区等自身品质的提升和周边环境的控制与形象塑造

文物点、历史地段、历史文化街区要起到提升城市形象、传承城市文化的作用，首先要提升自身的品质。在提升自身品质，保持自身形象的同时还必须结合周边区域进行保护规划。或者在不同质感的城市分区与自身（文物点、历史地段、历史文化街区等）之间保留足够的缓冲区。

平遥古城的保护规划在其古城外围保留了宽阔的绿带，把新建城区和古城（墙）分割开。使不同质感的城市区域之间的结合不至于过于突兀，如图 3-87。

辽宁省兴城市，紧临保留完好的明代古城前修建住宅。严重破坏了兴城古城的城市格局。不利于兴城古城是保护与展示。图 3-88 兴城古城城墙和城外现代建筑的关系。

图 3-87　平遥古城　　　　　　　　　　图 3-88　辽宁省兴城市

图 3-89 为泸州市历史文化名城保护规划中各个文物点、历史地段、历史文化街区等的周边地段都划设了建设控制区和环境协调区，把这些文物的周边统一考虑，统一规划，对建筑风貌、建筑高度、开敞空间作了相应的要求。即要是文物和其周边地段共同承担提升形象，传承文化的重任。

在实际实施的过程中，泸州市为保护和展示该国宝窖池，不惜多次调整三星街大桥引桥线型，最终方案实现了保护和展示的统一，值得借鉴。

（四）以城乡统筹的视野来对待"散落"在广大乡村腹地的文物、古村落、古遗址等

长期以来，各级政府都把名称保护的重点放在主城区、核心区，而对位

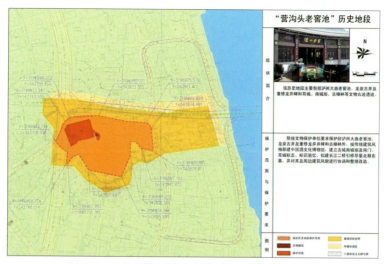

图 3-89　泸州市历史文化名城保护规划——图则

图 3-90　四川省安岳县毗卢洞的紫竹观音

图 3-91

于广大乡村腹地的文物甚至乡村本身疏于重视。导致对其保护不力，利用不足。

在城乡综合治理的过程中应重点关注这些"乡村经典"，既要对其进行保护又要对其加以利用，使其成为历史文化名城中的新亮点、乡村环境治理的典范、乡民增收的引擎。

图 3-90 为四川省安岳县毗卢洞的紫竹观音，其造型精美，有很强的观赏性，建造年代和建造水平与举世闻名的大足石刻相当，是国家级文物保护单位。但其位于安岳县农村腹地，长期以来受到的重视不足，导致对其保护不力，利用不足。

应抓住城乡环境治理的机遇，对其本身和周边环境进行整治，加强对其的保护力度和利用程度。

中国木结构建筑的典范——佛光寺，位于山西五台县窦村，因其位于深山之中，而免受战火荼毒，但同时也使其在大众中的影响力与其自身的价值严重不符。

图 3-91 为中国最古老木结构建筑之一的佛光寺东大殿。

（五）坚持两手抓，两手都要硬，治理过程中要求实体保护与文化保护并重

首先，要保护、治理和提升历史文化名城的物质文化载体，即前述的文物保护单位、历史街区、古村落等。

第三章　加强规划，塑造优美的城乡环境

图 3-92　泸州制作泸州油纸伞的民间制作作坊

图 3-93　西安市秦始皇陵附近的小吃卖场

其次要倍加重视城市文化精髓的传承与保护，要重点保护与名城相关的民俗文化、传统技能、特色小吃等。

传统技艺也是历史文化名城的重要组成部分，在历史文化名城保护规划中应该得到相应的关注。

图 3-92 为泸州制作泸州油纸伞的民间制作作坊。

特色小吃也是历史文化名城保护的重要组城部分。同时也是城乡环境综合治理的重点。

图 3-93 为西安市秦始皇陵附近的小吃卖场。

（六）有条件的地方可以新建仿古建筑或复建古建筑

新建仿古建筑和复建古建筑既可以和原有文物建筑一起形成名城保护、风貌整治的规模效应，更重要是的能通过新建和复建的举措保护中国传统的建筑技艺，这在工业化建筑大行其道的今天尤为重要。

图 3-94 为丽江在其古城大研镇附近的束河古镇进行了大规模的新建。这种新建既有利于缓解大研镇的环境压力，更是通过新建古城大研镇培养一批传统木结构建筑施工技艺的接班人。

图 3-95 为由现代工匠雕琢的木构架建筑。适当的复建古建筑或新建仿古建筑有利于保留中国传统建筑技艺。

图 3-94　古城大研镇

图 3-95　木构架建筑

三、有条件的城市应积极申报历史文化名城

四川是文物大省，文化大省，也是近代革命史迹分布较广的省份。各个市县几乎都有自己的文化特色。因此，有条件的城市要抓紧申报历史文化名城。低级别的历史文化名城应努力申报高级别的历史文化名城。各级历史文化名城都应该编制规范的历史文化名城保护规划。

四川历史文化城镇体系保护规划，如图3-96、图3-97。

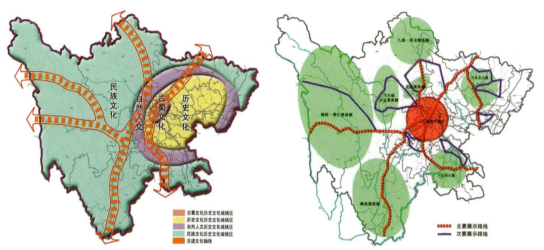

图3-96　历史文化城镇分区及轴线布局规划　　图3-97　历史文化城镇整体展示线路规划

第七节　旧城更新规划

一、上层次规划及相关规划解读

上层次规划及相关规划主要包括总体规划及风貌规划、绿地系统规划、历史文化保护规划、交通规划等专项规划。

主要解读内容：上层次及相关规划总体定位及整体结构；对规划区的定位及要求。

旧城改造中，首先应进行原有建筑的分析，包括建筑质量、高度、风貌、肌理、性质、权属、年代，如图3-98。

二、理顺旧城交通关系

旧城更新的第一步应该是理顺交通关系。

如图3-99。

三、公共服务设施规划

如图3-100。

第三章 加强规划，塑造优美的城乡环境

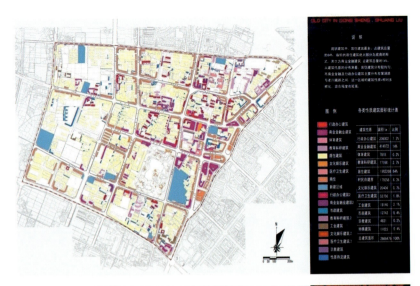

图 3-98 旧城改造

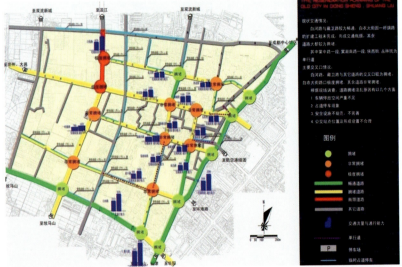

图 3-99

图 3-100

四、绿地系统规划

如图 3-101。

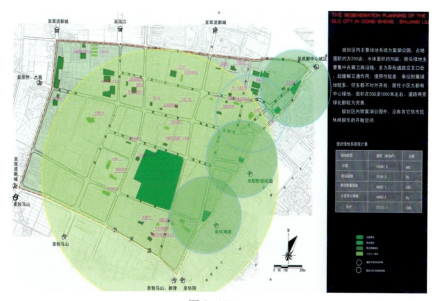

图 3-101

五、实施控制

(1) 更新模式及策略：

更新模式主要有：保护、保留、保留整修、拆除、新建。

(2) 指标控制。

(3) 分期实施计划。

(4) 重点节点、地段实施控制：

1) 重要节点；

2) 重要边界；

3) 重要区域；

4) 标志物；

5) 建筑改造。

(5) 其他建议及措施：

1) 改造项目的组织方式建议；

2) 监督机制；

3) 政府机构及公共财政参与、扶持和监管的相关建议；

4) 社区建设、文化保护及发展的相关建议。

第四章　重视设计，突出特色

第一节　城乡整体风貌规划设计

一、城乡环境与自然环境相互融合

（一）总则

城乡整体风貌通常是指通过视觉感知的城乡物质形态和文化生活形态，主要强调城乡总体环境与自然环境融合所表现出的整体景观。

城乡环境是指人工环境，随着建设量的增加，对自然环境的影响与日俱增，需要通过有意识的规划设计手段对城乡整体风貌加以控制引导。对影响城乡总体形象的关键因素及城乡内部开放空间的结构进行统筹安排，如图4-1、图4-2。

图4-1　成都三圣乡幸福梅林

（二）一般规划原则

(1) 舒适性原则：人在城乡人工环境中的行为心理规律需要首先满足舒适性的要求；

(2) 审美原则：人的感官与文化心理天然具有审美意识；

(3) 生态环境原则：生态环境是指由生物群落及非生物自然因素组成的各种生态系统所构成的整体，主要或完全由自然因素形成，并间接地、潜在地、长远地对人类的生存和发展产生

图 4-2 兰州白道坪

影响。尤其要强调人工环境与自然环境在城乡空间中长期共存的问题。

（4）因借原则：借助山脉、河湖、林地、风水塔、标志性建筑物、重要地标等各种自然、人文条件；

（5）历史文化保护原则：重视风貌的历史延续性和本土文化的继承发扬；

（6）整体性原则：注重塑造风貌，保持风貌要素间的连贯性、一致性和协同性，提升城市整体形象。

二．城乡整体风貌塑造

（一）城乡风貌构成因素

1．建筑风貌

建筑风貌是城乡整体风貌中主要的构成元素，是指由大量建筑具有一定的统一风格所表现出的整体特征。从一个特定的意义讲，建筑风貌就是"重复"！一定的统一风格需要适合本地城乡环境的风格定位，同时需要大量完整的建筑风格表现予以支撑。

注重个性特色，提升单体建筑设计水平。单体建筑的单一风格无法构成城乡总体建筑风貌，整体建筑风貌的形成需要众多特征街景以街区的空间景观来体现，如图 4-3、图 4-4。

2．景观风貌

主要指城镇空间中的山水环境、大地景观、城市雕塑、天际轮廓线、公园绿地、景观道路、城市背景、景观轴线、制高点、门户景观、视廊、特征地带、公共开放空间（广场）、街头小游园、步行街、滨水街、梯步广场等所共同构成的城市空间景观特征序列。有以植物景观为主的柔性

第四章 重视设计，突出特色

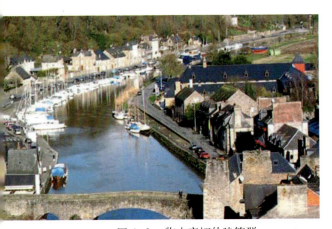

图 4-3 临水亲切的建筑群

图 4-4 依山而建的城市风貌

空间，有以铺地为主的硬质空间，以及景观水系、户外展示材料（广告等）、灯光照明等综合表现手法等特征空间。景观风貌的总体序列应通过规划予以布局设置、控制引导、设计实施，如图 4-5～图 4-10。

3．社会人文风貌

广义的概念主要指城镇聚居人口历史与当代总体人文风土特征。狭义的概念主要指由人为因素作用形成（构成）的风貌景观。人为因素主要有文化、建筑等因素。

社会人文风貌可据古今人类成就的形式分为若干类：历史遗址、园林、建筑、民居、城市风貌、文化风貌等。

如图 4-11、图 4-12。

（二）建筑风貌主体风格

四川省总体建筑风貌应当体现具有时代特色的地方特征。影响风格定位的因素主要在于时代与地域。即：

(1) 传统＋地方；

(2) 现代＋地方；

(3) 传统＋外来；

(4) 现代＋外来。

（其中外来可分为外省或海外）

上述4类因素实际运用中存在较多的交织与穿插使用。

图 4-5 大地景观

图 4-6 城市雕塑

图 4-7　滨河公园

图 4-8　中心广场

图 4-9　景观桥

图 4-10　户外广告

图 4-11　记录历史的城市风貌

图 4-12　传承历史的人文风貌

特大与大城市适合上述 4 种类型风格的多元构成，应适合功能布局并成片表现风貌特征，其中（1）、（4）类型的差异性适宜做大，可通过（2）、（3）类型加以过渡连通；

中小城市可以采取上述 4 种类型，应以其中 1～2 种类型为主，应避免过多繁复的体现；

镇村一级人口聚集程度较弱的空间，应采取一种类型风格，在一定相关区域内应力求统一完整的总体风格，不应使用各不相同差异过大的风格。如图 4-13～图 4-16。

建筑风貌应编制专项规划设计。

（三）景观风貌主要特征

景观风貌以突出地方特征为主。强调总体景观结构的合理设置，通过分级、分区、分类，达到综合富于地方特色的景观风貌效果。在格局构筑、视线组织、肌理搭配、植物配置、空间营建、繁简处理、色彩搭配等方面做出全综合面考虑。

（四）建立城市重要标识

城市、镇村的标识是一个地域的名片，这种形象的构筑需要通过整体风貌的塑造逐步确立。例如，首都北京以天安门、故宫、奥运场馆等为主要标识；上海以陆家嘴金融中心组团、外滩海派建筑群为主要标识；丽江古镇以水街古树映衬的纳西族民居酒吧为代表形象。多数城市都可以通过整体风貌的塑造，应通过整体风貌规划设计以及有意识的建设改造，寻求到自身典型形象的标识，如图 4-17～图 4-20。

图 4-13　传统加地方（成都黄龙溪）

图 4-14　现代加地方

图 4-15　传统加外来（成都宽窄巷子）

图 4-16　现代加外来

图 4-17　滨水城市夜景

图 4-18　路桥景观

图 4-19　丽江的名片丽江古镇

图 4-20　上海的城市标志外滩

第二节　城市（镇、村）重点地段规划设计

一、对城市（镇、村）重点地段的认识

（一）重点地段的范畴

每个城市、镇村都有重要的地段，主要涵盖出入口（高速公路出入口、航空港、火车站、码头等）、中心广场、公众活动场所、特征地带、商业中心、娱乐中心地段、滨水带、沿山区等。这些重点地段往往交通流量较大、人员集中，是公众对城市、镇村意象来源的主要场所。如图4-21～图4-28。

（二）现状重点地段的两个极端状况

重点地段容易出现两个极端状况：重点地段规划建设得好，是城市、镇村的亮点，是出彩的地区；重点地段规划建设得不好，是城市、镇村的建设死角，几乎就一定是最脏乱差的地区。如图4-29、图4-30。

图 4-21　高速公路入口

图 4-22　中心广场

图 4-23　码头

图 4-24　商业中心

图 4-25　火车站

图 4-26　滨水带

图 4-27　航空港

图 4-28　沿山区

图4-29 脏乱差的城市节点（一）

图4-30 脏乱差的城市节点（二）

图4-31 宏伟的威尼斯广场

图4-32 繁华整洁的商业中心

图4-33 庄严的圣马可广场入口钟楼

图4-34 圣马可广场平面

二、重点地段规划设计要点
（一）重点地段的类别
1．对外展示型
主要以向外来关注展示本地特征的重点地段，规划设计突出形象、注重展示功能，以交通节点、人车流量较大的地区为主，通常以交通功能为主。

2. 内向参与型

面向本地公众参与、融入地方活动为主的重点地段，规划设计重视步行活动进入、注重内外有别的空间划分，通常具有休闲商业等功能。

3. 综合型

对外展示和内向参与功能兼容的重要地段。

如图 4-35～图 4-38。

图 4-36 门户空间设计展示了城市良好的形象。

通过服务业使人气聚集形成有活力的街区。

历史地段的保护开发结合周边商业形成西安重要城市节点。

（二）特定区位与基本定位

在城市、镇村中的特定区位关系，深深影响重点地段的基本定位。并不是所有广场都具有纪念意义，并不是所有的街道都适合做步行商业街，并不是所有开放场地都非要赋予高深重大的含义。类型与区位关系，决定重点地段可以是纯粹功能性的场地（如交通广场），或重大纪念，或重要涵义，或休闲观景，或商业步行，或文化赛会，或节庆聚集，或邻里交往，或日常锻炼，或逢场交易，或驻步休憩，或仅仅是一抹而过的"晃眼"景色。

（三）注重交通关系处理

由于重点地段的特殊地位，处理步行、车行及停车场的关系，处理好交通关系将决定重点地段的使用安全、感受视角、参与程度、舒适体验。

图 4-35 彭州牡丹大道景观概念设计

图 4-36 门户空间设计

图 4-37 内向参与型地段

图 4-38 对外展示型地段：大雁塔北广场

（四）综合运用各类手段塑造匹配重点地段的形象

重点地段的形象塑造可综合使用建筑小品、雕塑艺术、植物造景、场地特色、水景照明、象征标识、文化活动等，以树立与重点地段相匹配的形象，如图4-39～图4-41。

（五）场地空间——场所精神

场地空间是构成城镇重点地段的核心内涵。场地空间泛指一切有底面的户外空间，最简单的理解就是"广场""坝子"；这种场地空间可以是规则形式，如对称形、方形、圆形、正多边形、带形、弧形等，更可以是不规则形，并且不规则形由于具有适应地形、富于变化、满足人类多样心理需求的特性，很多情况下更加适应作为重点地段的场地空间。

场地空间仅仅指某个特定的地方形成了场地，可以聚散公众；要迈向场所精神的层次，意味着场地空间具有某种"灵性"，包含特定的"气氛"，在这种空间中人们感觉舒适休闲、消费惬意，就是我们四川人称之为"安逸"。这都对规划设计恰如其分的处理重点地段提出了较高的要求。尤其是许多重点地段并非凭空而来，多是在现状城市、镇村的密集城区中嵌套着一块重要的地皮，更应该通过城乡环境综合治理的手段营建满足人民物质文化需求的重点地段，如图4-42～图4-45。

（六）尺度、质感、色彩、边界、小品设施、园林绿化等

以人为本的理念贯穿和谐社会的各个层面。对规划设计而言最主要的就是人的尺度！重点地段的尺度应符合其功能类型定位，切合人体尺度，专门构建或辽阔、或亲切、或近迫的尺度感。

尺度控制重点地段的基本框架格局，质感影响直观感受。通常以与人亲切的材料质感为主，如木、石、竹、水、植物等，但光洁冷峻的砖、钢、玻璃等材料质感可配合使用。

图4-39 与地形结合良好的车行道

图4-40 洛克菲勒中心前雕塑

图4-41 大雁塔广场雕塑

第四章　重视设计，突出特色

图 4-42　安仁古镇庄园风貌区东入口平面

图 4-43　东京小广场：城市密集区的开敞空间
为人们提供了休息、交流、转换等平台

图 4-44　安仁古镇庄园风貌区东入口鸟瞰
通过尺度与材质的对比预示着进入新的场所

图 4-45　台州市绿心桐屿片村民安置点广场：
开敞空间的建立引导了居民公众活动的聚集

质感的接受程度存在随大众审美情趣变化而演变的过程，例如 1990 年代一段时期里，对于瓷砖的喜爱广泛流传；但是近年来瓷砖光亮的质感用做户外空间的风光不再。

注重色彩协调，提升建筑立面装饰美感。重点地段的色彩应与相关建筑风貌主色调一致；重点地段的边界地区应与城镇空间做过渡处理，同时强调与河流山体、平坡过渡、环境转换地段的衔接，内部空间分隔、材料交替亦应注重边界处理；小品设施、园林绿化应一并纳入规划设计，实现重点地段的安全适用、环境协调、美观舒适的功能，如图 4-46～图 4-49。

图 4-46　宜人的步行尺度

图 4-47　协调的道路环境

图 4-48　黄龙溪古镇　统一的色调与屋顶形式

图 4-49　西湖　与环境融为一体的建筑

三、对于城乡环境综合治理的意义

（1）重点地段是改善城市（镇、村）现状环境的重要核心；
（2）重点地段是主导城市（镇、村）发展方向的重要依托；
（3）重点地段是展示城市（镇、村）建设成果的重要窗口。
如图 4-50、图 4-51。

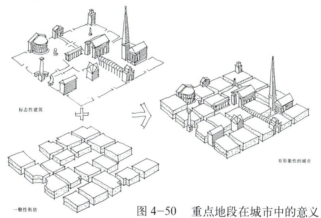
图 4-50　重点地段在城市中的意义
重点地段的打造更能营造出城市特色，提升城市形象

图 4-51　上海陆家嘴地区

第三节　城乡建筑风貌改造设计

一、四川省城乡建筑风貌概况

（一）城市建筑风貌概况

在 1980 年代以前，四川省城市建筑风貌以传统风格为主，建设量普遍不大。此后激增的建设带来了时代多元特色的同时，也部分丧失了自身固有特色，导致了人所共知的"千城一面"境况，并且新的建设虽然有所改善，但是仍然存在一味求大、求洋、求气派的问题。如图 4-52～图 4-55。

图 4-52　建筑和环境不相融的城市风貌

图 4-53　杂乱的城市风貌

图 4-54　建筑与环境相融相生的城市风貌

图 4-55　独具特色的城市风貌

（二）镇、村建筑风貌概况

1. 小镇、村落的建筑风貌长期以传统风格为主，但是，建筑质量随着年代递增逐步降低，乡镇环境沦为建设死角。镇村的建设近年来主要问题是普通村镇建筑缺乏统一风格，铺天盖地的砖混结构"小二楼"建筑比比皆是，没有任何风格特色，与镇村应用的风格冲突较大。如图 4-56～图 4-61。

2. 民居的保护和修缮应结合各地不同的风格，坚持本土化，保持原汁原味的建筑风貌，提倡新民居，打破"火柴盒"模式，避免出现多样化、无序化所带来的"四不像"风格。如图 4-62～图 4-69。

图 4-56　改造前的小二楼 A

图 4-57　改造后的小二楼 A：简约欧式风格

图 4-58　改造前的小二楼 B

图 4-59　改造后的小二楼 B：传统结合现代风格

图 4-60　改造前的小二楼 C

图 4-61　改造后的小二楼 C：简约传统风格

图 4-62　川西民居

图 4-63　川西南民居

第四章　重视设计，突出特色

图 4-64　川东民居（一）

图 4-65　川东民居（二）

图 4-66　川北民居（三）

图 4-67　川北民居（四）

图 4-68　"火柴盒"造型的民居

图 4-69　经过风貌整治的民居：汉式风格

3. 在村镇规划中，要力求打破"夹皮沟"（夹道建房）和"军营式"（一味追求横成排、竖成行）布局形式，这样既能改善交通条件和人居品质，也能提升环境质量，形成依山就势、错落有致，能体现山水田园风光和自然和谐之美的村镇规划。如图 4-70～图 4-72。

第三节 城乡建筑风貌改造设计

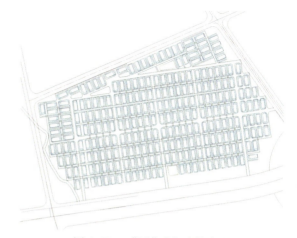

图 4-71 "军营式"式的布局

图 4-70 "夹皮沟"式的布局

图 4-72 顺应地势，与自然融合的布局

第四章 重视设计，突出特色

（三）建筑风貌改造的特点

建筑风貌改造属于城乡整体风貌的主要专项内容。我国的本土建筑事实上没有完成建筑发展所应该经历的过程。自传统完备优秀的型制成长定型后，被近代半封建半殖民地社会严重割断了传统向现代风格转换的过程。新中国成立以来，由于经济基础薄弱，又难以就建筑风格做出过多的探求。这一百余年的耽误导致对海外纷繁巨变的建筑风格产生好奇、向往和忽视本土风格的心态，也在所难免。

随着我国的经济实力增长，有必要通过城乡环境综合治理的手段进一步加强对城乡建筑风貌的研究和实践。在并不排斥外来风格取向的兼容并包思路下，更加突出本土现代建筑风貌，建设适合本地城乡环境的风貌空间。建筑风貌改造主要突出的特点在于针对量大面广的现状建筑开展治理，破解城市千城一面镇村特色模糊等问题。如图4-73～图4-76。

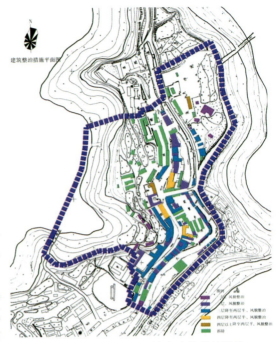

图4-74　剑门关风貌整治建筑整治措施

图4-73　剑门关风貌整治鸟瞰

图4-76　节点透视

图4-75　剑门关风貌整治沿街立面

二、城乡建筑风貌改造设计要点

(一) 区位关系决定建筑风貌基本风格

1. 大都市区（大城市）

以成都市为典型代表，大都市区的建筑风貌应充分体现多样性，同时从全城总体把握统一原则；

2. 一般城市区（中小城市、县城）

地级市、县级市、县城等中等规模城市属于一般城市区，首先应考虑统一性原则，并且针对城市空间规模、现状，适度体现多样性原则；

3. 乡镇区（一般镇村）

广大城乡中的一般镇村属于典型的乡镇区，建筑风貌应以一种风格为主，可在局部区域少量点缀不同风格；

4. 风景区（风景区内的镇村）

风景区的建筑风貌应与风景景观品质相协调，不应介入城市化的做法，建筑风貌注重变化中的统一风格，省内风景区通常以地方民居风格为主；

5. 过渡区

上述区间建筑风貌存在过渡与交界地带，这类地区应协调把握综合类型的风格。

(二) 建筑风貌改造的手法

建筑风貌改造做法可以归纳为"五定"：

（1）定性——确定改造功能类型（民居、公建、综合功能、农房、工业建筑、小品建筑）；

（2）定型——确定改造风格型制（现代、传统、地方、外来、混合式等）；

（3）定量——确定改造范围、高度、尺度、程度、工程量等；

（4）定材料——确定改造运用的材料；

（5）定做法——确定改造构造尺寸、做法等，可据以深化设计施工图。

(三) 城乡重点地段建筑风貌改造设计

重点地段的建筑风貌改造应注重单体建筑的标识性，适应重点地段的场地空间氛围，风格应有所突出。如图4-77～图4-81。

图4-77　标识性建筑与周围建筑不协调

图4-78　与山体试比高的建筑群

第四章 重视设计，突出特色

图4-79 广州的标志性建筑电视塔

图4-80 西安的名片钟鼓楼

图4-81 南京步行街的标志建筑

（四）特色街区建筑风貌改造设计

特色街区建筑风貌改造应重点保留、发扬所在街区的特色，注重统一的风格，突出组群建筑风貌特色，完整风貌中应注重局部建筑体型、体量变化，风格不宜超过两种变化。如图4-82～图4-87。

图4-82 西南第一街，成都春熙路

图4-83 南京秦淮河沿岸建筑风貌

图 4-84 苏州河沿岸的老上海特色历史建筑

图 4-85 重庆印象之观音桥步行街

图 4-86 尺度宜人的特色步行街区

图 4-87 法国巴黎香榭丽舍大街

第四节 城市绿地系统规划与景观设计

一、概念

城市绿地系统规划是国家法定规划之一，它是《城市总体规划》的专业规划，是对《城市总体规划》的深化和细化。

城市绿地系统规划通过对各种城市绿地进行定性、定位、定量的统筹安排，形成具有合理结构的绿地空间系统，以实现绿地在城市中所具有的生态保护、游憩休闲和社会文化等功能。

规划的主要任务是在深入调查研究的基础上，根据《城市总体规划》中的城市性质、发展目标、用地布局等规定，科学制定各类城市绿地的发展指标，合理安排城市各类园林绿地建设和市域大环境绿化的空间布局，达到保护和改善城市生态环境、优化城市人居环境、促进城市可持续发展的目的。

（一）直辖市城市绿地系统规划

在城市总体规划指导下，针对北京、天津、上海、重庆城市编制的绿地系统规划。

（二）城市绿地系统规划

在城市总体规划指导下，针对设市城市、县城编制的绿地系统规划。

第四章 重视设计，突出特色

图4-88 直辖市—北京市城市绿地系统规划

图4-89 建制镇—青白江城厢镇绿地系统规划

（三）建制镇城市绿地系统规划

在镇总体规划指导下，针对建制镇编制的绿地系统规划。见图4-88～图4-90。

二、四川省园林城市概况

（一）园林城市

四川省有国家级园林城市7座（绵阳、都江堰、乐山、成都、广元、南充、广安）；

四川省级园林城市（含园林县城）23座（攀枝花、德阳、遂宁、眉山、泸州、内江、双流、金堂、岳池、丹棱、崇州、射洪、长宁、武胜、大邑、仪陇等）。

图4-90 市—雅安市城市绿地系统规划

（二）国家园林城市的一般要求

见表4-1。

（三）四川省级园林城市的一般要求

城市绿化覆盖率38%、建成区绿地率33%、人均公共绿地8m²。

园林城市基本指标表　　　　　　　　表4-1

		100万人以上人口城市	50～100万人口城市	50万人以下人口城市
人均公共绿地	秦岭淮河以南	7.5	8	9
	秦岭淮河以北	7	7.5	8.5
绿地率（%）	秦岭淮河以南	31	33	35
	秦岭淮河以北	29	31	34
绿化覆盖率（%）	秦岭淮河以南	36	38	40
	秦岭淮河以北	34	36	38

图 4-91　国家园林城市—成都

图 4-92　国家园林城市—都江堰

图 4-93　省级园林城市—德阳

图 4-94　省级园林县城—丹棱

（四）四川省级园林县城

城市绿化覆盖率 30%、建成区绿地率 20%、人均公共绿地 7m²。

图 4-91 为国家园林城市—成都；图 4-92 为国家园林城市—都江堰；图 4-93 为省级园林城市—德阳；图 4-94 为省级园林县城—丹棱。

三、主要内容

（一）市域大环境绿地规划

阐明市域绿地系统规划结构与布局和分类发展规划，构筑以中心城区为核心，覆盖整个市域，城乡一体化的绿地系统。如图 4-95、图 4-96。

（二）公园绿地规划

公园绿地是城市中向公众开放的、以游憩为主要功能，有一定的游憩设施和服务设施，同时兼有健全生态、美化景观、防灾减灾等综合作用的绿化用地。它是城市建设用地、城市绿地系统和城市市政公用设施的重要组成部分，是表示城市整体环境水平和居民生活质量的一项重要指标。

第四章 重视设计，突出特色

图4-95　雅安市域大环境绿地—现状图　　　　图4-96　雅安市域大环境绿地—规划图

公园绿地，并非公园和绿地的叠加，而是对具有公园作用的所有绿地的统称，即公园性质的绿地，公园绿地分5大类11小类。

1．综合公园

包括全市性公园、区域性公园。如图4-97～图4-99。

2．社区公园

包括居住区公园、小区游园，如图4-100、图4-101。

图4-97　全市性公园绿地—东莞松山湖公园

图4-98　公园绿地

图 4-99　区域性公园绿地—佛山市南风古灶公园

图 4-100　小区游园

图 4-101　居住区公园

3．专类公园

包括儿童公园、植物园、游乐公园、历史名园、风景名胜公园、其他专类公园（体育公园、防灾公园），如图 4-102。

4．带状公园

如图 4-109。

5．街旁绿地

如图 4-103～图 4-108。

第四章 重视设计，突出特色

图 4-102　游乐公园—绵阳南湖乐园

图 4-103　街旁绿地

图 4-104　街旁绿地

图 4-105　滨河绿地

图 4-106　街旁绿地

图 4-107　滨河绿地

图 4-108　街旁绿地

图 4-109　带状公园

（三）其他绿地规划

1. 防护绿地规划

城市中具有卫生、隔离和安全防护功能的绿化用地。

2. 生产绿地规划

指生产花木的苗圃和为城市绿化服务的生产，科研的试实验绿地。

3. 附属绿地规划

城市建设用地中除绿地之外各类用地中的附属绿化用地。包括道路附属绿地、居住区附属绿地、单位附属绿地、工矿企业附属绿地等。

4. 其他绿地规划

城市规划区内不纳入城市绿地系统指标统计的绿地，如郊野公园等。如图 4-110、图 4-111。

图 4-110　单位附属绿地—某学生公寓绿地

5. 附属绿地

道路附属绿地，如图4-112～图4-114。

居住区附属绿地。如图4-115～图4-117。

图4-111　单位附属绿地—某写字楼绿地

图4-112

图4-113

图4-114

图 4-115

图 4-116

图 4-117

四、城市绿地防灾避险规划

1. 防灾公园

指在灾害发生后为居民提供较长（数周至数月）时间的避灾生活场所、救灾指挥中心和救援、恢复建设等的活动基地。防灾公园应结合城市公园绿地规划做到合理布局，须具备完善的避灾、救援设施和物资储备。

2. 临时避险绿地

指在灾害发生后，为居民提供较短时期（数天至数周）的避灾生活和救援等活动的绿地。临时避险绿地应靠近居住区或人口稠密的商业区、办公区，具备应急避灾设施、提供临时救灾物资。如图 4-118。

图 4-118　临时避险绿地示意

图 4-119　紧急避险绿地示意

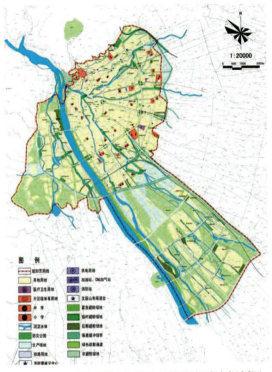

图 4-120　都江堰城市绿地系统防灾避险规划图

3．紧急避险绿地

指在灾害发生后，居民可以在极短时间内（3～5min内）到达的避险绿地。满足短暂时间的避灾需求。如图 4-119。

4．绿色疏散通道

绿色疏散通道，是指灾害发生时具有疏散和救援功能的通道。通道利用城市道路将防灾公园、临时避险绿地和紧急避险绿地有机连接，构建网络，连接城市主要对外交通，形成疏散体系。通道两侧应具有一定宽度的绿化带。

5．隔离缓冲绿带

指位于生活区、商业区与油库、加油站、变电站、工矿、有害物资仓储等区域及不良地质地貌区域之间，具有阻挡、隔离、缓冲灾害扩散，防止次生灾害发生功能的绿化空间。

都江堰城市绿地系统防灾避险规划图见图 4-120。

五、树种规划

（一）树种规划的原则

（1）景观效益与生态效益结合。

（2）乔木、灌木与适量草坪结合，针叶与阔叶结合。

（3）群落多样性与特色基调树种相结合。

（4）短期效益与长期效益相结合。

（5）速生乡土树种与珍贵绿化树种相结合。

图 4-121　都江堰市基调树种—银杏　　　图 4-122　都江堰市骨干树种—水杉　　　图 4-123　都江堰市建议市树—楠木

（6）绿化、美化、香化与季相景观相结合。

（二）城市绿化基调树种

能充分表现当地植被特色、反映城市风格、能作为城市景观重要标志的应用树种。一般不超过 10 种乔木。如西安市的城市绿化基调树种：银杏、国槐、旱柳、垂柳、悬铃木、毛白杨、新疆杨、华山松、白皮松。

（三）城市绿化骨干树种

具有优异的特点，在各类绿地中出现频率较高、使用数量大、有发展潜力的树种。

依据城市绿化的功能选用不同的骨干树种。如道路绿化树种、庭院绿化树种、防护林绿化树种、生态风景林绿化树种、特殊用途绿化树种等。

（四）市花、市树

提出本城市的市树和市花建议。

都江堰市树种规划如图 4-121～图 4-124。

图 4-124　乔木、灌木和草坪结合的树种绿化效果

六、生物多样性保护规划

（一）目标

按照自然规律，控制和减缓本地区生态环境的恶化与自然资源的退化，恢复被破坏的生态系统，建立有利于生物多样性保护的运行机制，加强生态系统与物种的就地保护、提高有关生物多样性保护的研究水平，通过生物多样性保护和可持续利用推动本区域生态环境的持续改善。

（二）保护的层次

（1）生态系统多样性。

（2）物种多样性。

（3）基因多样性。

（4）景观多样性。

（三）濒危珍稀动物、植物保护

明确本地区的濒危珍稀动植物，坚持以就地保护为主、迁地保护为辅的原则，建立或恢复其适应生存的环境。并充分发挥动物园、植物园作为动物、植物资源迁地保护基地在保护与繁衍方面的重要作用，如图4-125。

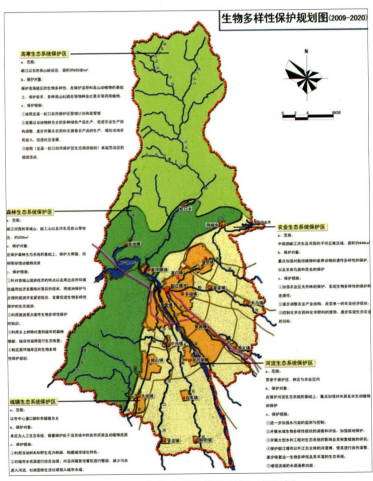

图4-125　生物多样性保护规划—都江堰

七、城乡环境综合治理与城市绿地系统规划

总体要求

加快园林、绿化基础设施建设，着力解决绿地率和绿化覆盖率低的问题。

继续实施退耕还林还草工程，推进生态功能保护区、自然保护区和生物多样性保护等生态工程建设。做好世界遗产和国家遗产、省级遗产的保护、监测和申报工作。

开展"中国人居环境奖"、"环保模范城市"、"园林城市"、"森林城市"等创建活动和生态村、生态家园、各类型生态小区及绿色学校、绿色饭店等"生态细胞"工程建设，抓好城市"拆墙透绿"、"屋顶添绿"和园林、绿化基础设施建设，提高城镇建成区和村庄的绿地率、绿化覆盖率和绿化质量。

绿地系统规划见图4-126，滨水节点绿化见图4-127。

图4-126 绿地系统规划

图4-127 滨水节点绿化

第五节　道路景观规划设计及秩序管理

一、城市交通性道路的景观

交通性道路景观设计有较宽的完整的绿化，非常醒目的交通标志和信号系统（这些设施或在地面上或悬挂于空中）。有时道路两侧有建筑物，一般较简洁，强调轮廓线和节奏感，没有多余装饰，偶尔有一点雕塑或标志物的出现，将起到丰富景观的作用，如图4-128、图4-129。

图4-128　景观道路

图4-129　干道景观

二、城市生活性道路景观

生活性道路景观设计有较宽的完整的绿化，相对醒目的交通标志和信号系统（这些设施或在地面上或悬挂于空中）。有时道路两侧有建筑物，一般较简洁，强调轮廓线和节奏感，没有多余装饰，偶尔有一点雕塑或标志物的出现将起到丰富景观的作用，如图4-130，图4-131。

三、突出绿化种植的景观道路

以绿化为主的景观设计的绿地指标依据道路绿地类型不同而异。道路绿地按照不同的种植目的，可分为景观种植和功能种植，如图4-132、图4-133。

图4-130　人行道景观

四、城市步行商业街景观

通过道路空间的形式体现步行街的景观个性；道路建筑物风格的协调或对比，塑造步行商业街景观的个性；道路设施要精心设计；地面铺装个性化设计；绿化个性化设计；雕塑艺术的个性化设计，如图4-134、图4-135。

五、交通秩序管理

（1）建立交通法规宣传教育的长效机制，像治理城市环境，抓"小变"、"中变"那样，

图4-131　街道景观

图 4-132　道路绿化

图 4-133　路边景观节点

图 4-134　商业步行街

图 4-135　商业步行街

图 4-136　道路宣传

图 4-137　遵守道路秩序宣传

把交通文明宣传教育纳入到精神文明建设的范畴，全力推进。充分发挥媒体的舆论导向和监督作用，免收公益性宣传的各种费用，建立报刊、电台、电视、网络等多种媒体相互结合的立体宣传网，确保电视天天有影、报纸天天有文、电台天天有声。加强对驾驶员进行经常性的教育工作，机动车驾驶员培训机构要加强文明行车的培训教育，政府主管部门应将其作为年度资质审核的一项重要内容。将交通文明教育纳入到幼儿园、中小学的有关课程和课外活动中，常抓不懈，如图 4-136、图 4-137。

图4-138　道路信号灯

图4-139　道路管理

图4-140　道路标识

(2)加强交通管理的统筹协调,建立具有全局性、权威性的统筹协调交通管理机构,增强政府在城市交通规划、建设和道路交通管理方面的综合协调能力。加强有关部门之间的规范化、制度化的协调,促进交通管理问题能够得到及时、有效的解决。建立更广泛的决策前期咨询机制,广泛听取和征求包括人大代表、政协委员在内的社会各阶层人士的意见。开辟专门的平台,让人民群众参与到为城市交通建设和管理献计献策的活动中来,形成人人关心交通、人人支持交通的良好氛围。

(3)提高城市交通科技信息化水平包括:

1)加快智能交通指挥系统的建设。逐步建立交通自适用信号灯控制、交叉口可变导向车道、高架上匝道自动控制等系统,全面提高城市道路交通指挥的科技含量。

2)积极发展智能交通服务。建立实时交通信息、路线引导、停车场信息等系统,加强动态交通信息的采集、处理和发布,及时提供交通诱导信息,改善城市交通服务。

3)扩大电子交通管理系统的使用。扩大闭路电视监控系统、电子收费等手段的使用,加大道路交通安全执法威慑的力度,减少收费等人为因素对交通的影响。

4)运用科技手段进行交通规划。组建城市交通仿真实验室,对城市交通规划进行直观、系统的分析研究,提高交通规划的科学性,如图4-138~图4-140。

(4) 严格道路交通管理

1) 进一步完善道路设施。对经常发生堵塞的节点、事故多发路段进行认真研究，逐个解决；对道路管理设施统一进行设计、施工和管理；制定对新启用和使用一定时间的管理设施进行梳理的工作制度，使交通标志、标线、信号灯的设置与改进能够及时、统一、科学、规范。

2) 加大道路交通管理的执法力度。研究在全市建立交通协管员队伍的可行性，以加强道路交通安全管理和交通安全宣传的力量。加强交通警察队伍建设，全面提高交警素质，研究新形式下交通执法的新模式，严格执法、公正执法、规范执法。合理安排警力，点、面结合，进一步提高路面"见警率"。继续完善交通事故的"快处"工作，最大限度地减小交通事故给交通秩序带来的影响。图4-141、图4-142为交通指挥示意图。

图4-141　交通指挥（一）

六、大型公共场所秩序管理

(1) 对大型文体活动进行严格审批；
(2) 建立安全保卫系统；
(3) 制定完善的安全保卫方案；
(4) 完善的安全检查及安全保卫措施；
(5) 严格活动期间的治安管理；
(6) 周密部署安全保卫力量。

广场秩序见图4-143。

图4-142　交通指挥（二）

图4-143　广场秩序

第六节 户外广告规划设计

(1) 建筑（构筑）物广告分类

建筑（构筑）物广告按依附建筑物位置不同可以分为五类：建筑屋顶广告、建筑立面广告、建筑山墙面广告、店招及标识、围墙广告及户外信息广告栏。

(2) 建筑（构筑）物广告设置总体要求

1) 保证安全性和建筑功能性；

2) 不破坏建筑轮廓，不阻碍建筑通风采光；

3) 不得影响消防供应设施的使用；

4) 禁止设置屋顶广告；

5) 国家机关、文物保护单位、医院、学校、图书馆等大型公共建筑；纯居住建筑不得设置广告（标识除外）；

6) 超过20m的连续店招应该统一设计后再设置；

7) 广告色彩要与区域所确定的风貌相适应；

8) 广告夜间照明要避免对居民造成光污染，周边是居住建筑的区域，广告夜间照明时间不得超过23点；

9) 新建建筑有广告设置需求时，报建时要连同广告一起报批；

10) 鼓励采用新技术和新形式。

(3) 建筑山墙面广告设置原则

1) 不得妨碍建筑功能使用要求；

2) 不得破坏建筑整体立面效果，应用与建筑立面色彩相协调；

3) 广告牌面左右不得突出墙面的外轮廓线，窗口及开口地方不可设置广告牌；

4) 广告位置宜设置在符合人们视线习惯范围内，具体位置按建筑高度不同而具体控制，但广告下端离地面须大于0.9m。

(4) 建筑立面广告设置原则

1) 广告牌面不得高于屋顶，宽度不得超出墙面的外轮廓；

2) 建筑立面广告不得影响建筑的功能使用要求，即不妨碍建筑的通风和采光，不得破坏建筑物风格，不得影响和损害市容市貌。

建筑物（构筑物）广告示例见图4-144。

广告示例见图4-145，道路及交通设施户外广告分类见图4-146。室外广告牌见图4-147，招示牌见图4-148，广告位置见图4-149。

户外广告管理措施：

1) 城市规划行政主管部门应当会同市容环境、交通等部门编制户外广告设置总体规划，经法定程序批准后公布实施。

2) 利用公共载体设置户外广告的，载体使用权应通过拍卖、招标的方式取得；利用非公共载体设置户外广告的，载体使用权可通过协议、拍卖等方式取得。

3) 户外广告使用权可依法转让，但法律、法规、规章规定不得转让的除外。

第六节 户外广告规划设计

图 4-144　建筑物（构筑物）广告示例

(1) 路灯灯杆广告设置规定

1) 凡车行道宽度 ≥ 15m 的道路或桥梁，路灯灯柱才可设置悬挂式灯箱或飘旗式广告，此次规划路段均可设置灯杆广告。

2) 灯杆广告间距以现状道路灯杆间距或城市照明规划设计灯杆间距为准，一般为 20～30m。

3) 设置在人行道上的灯杆广告牌面底部离地面的高度不得小于 4m，设置在道路中间隔离带上的灯杆广告牌面底部离地面的高度不得小于 3.5m。

4) 悬挂式灯箱广告外沿离灯柱不超过 1.2m，飘旗式广告不超过 1.0m，牌面外沿离人行道侧石不得小于 0.2m，本身高度在 0.8～3.0m。

(2) 路牌式广告设置规定

1) 在人行道边或道路分隔带设置落地路牌纵向间距 $L \geq 100m$，步行街根据具体情况可适当减小间距。

2) 在人行道上设置落地路牌须保证人行道有效通行宽度 ≥ 3m。

3) 底座式路牌的广告牌面外沿离人行道沿宽度 L 须满足：$0.4m \leq L \leq 0.9m$，底座高度须 $H \leq 0.5m$。

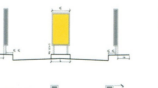

4) 设于人行道的落地式路牌广告牌面宽度 L 和高度 H 都须 ≤ 1.6m。

设于道路分隔带的路牌广告，其牌面宽度须小于分隔带宽度。

(3) 指示牌广告设置规定

1) 指示牌上最低牌面底部离地面高度 ≥ 1.8m，牌面外沿距离人行道外沿 ≥ 0.2m。

2) 立牌式落地指示广告牌面高度应该 ≤ 1.8m，宽度应该 ≤ 1.2m，厚度应该 ≤ 0.2m，支撑高度应该 ≤ 0.6m。

(4) 跨越式广告设置规定

1) 跨越式广告牌上方不得突出天桥防护栏。

2) 跨越式广告牌面左右不得突出天桥侧面外轮廓。

3) 跨越式广告不得妨碍交通安全视线。

图 4-145　广告示例

第四章 重视设计，突出特色

图 4-146
道路及交通设施户外广告分类示例

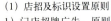

（1）店招及标识设置原则

1）门店招牌广告，原则上要"一店一招"，特殊地段或有特殊造型的建筑立面应结合风貌设计进行特殊处理，一店沿街多门的，可设置标准统一的2～3个招牌，相邻招牌设置要紧密相连，不能留有间隙。

2）招牌广告只能在建筑物的一层门楣处设置，均为贴墙式平面布置，不遮挡门窗，同一建筑，同一路段且建筑风格相近的招牌广告必须上下边缘高度一致，保持在一个平面上，位置平整，规格、样式相对统一，不得设置突出式、竖式广告。

3）招牌广告应该使用简体字，禁止使用繁体字、异体字，使用外文字要规范，字体高度及宽度不得超过底牌高度的2/3中文在上，外文在下，中文占2/3（国际、国内容易品牌连锁店除外）。

4）优秀近代建筑、城市标志性建筑不得在建筑外立面设置招牌，只可在其入口处置相应规格的标识。

（2）围墙广告及户外广告栏设置原则

1）沿街围墙（建筑工地围墙除外）一般不宜设置立牌式广告，部分地段可以结合漏空式围墙精心设计。

2）建设单位可在工地设置围墙立牌式广告，不得侵入道路红线范围，建设项目竣工后须拆除。

3）居住小区主路、小区入口及滨江路宜结合居民出行规律设置户外广告栏。

4）维护街道的整体美观，其形式、图案、色彩应与周围街景、建筑物相协调。

图 4-147
室外广告牌

第六节 户外广告规划设计

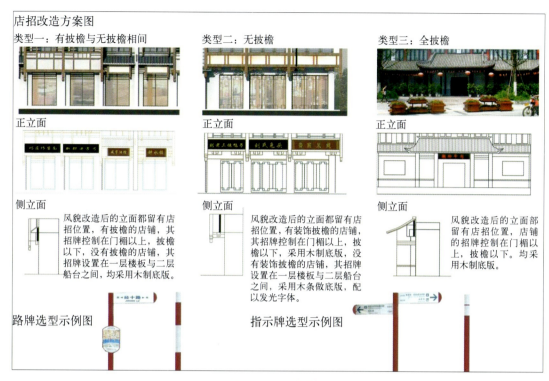

图 4-148　指示牌

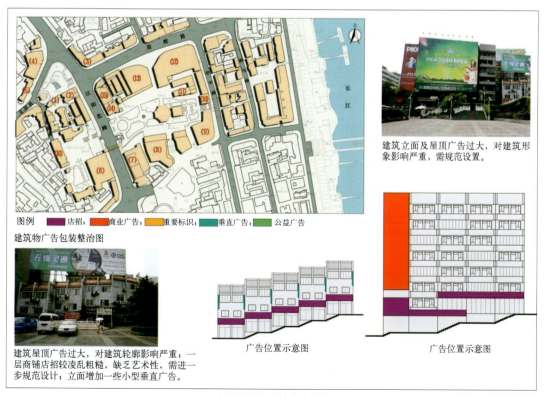

图 4-149　广告位置

4）设置户外广告的，设置者应向市容环境行政主管部门或交通行政主管部门提出申请。

5）审批部门应当自收到户外广告设置申请7日内对申请人的申请进行审查。对符合设置条件的，颁发《户外广告设置许可证》；对申请材料不齐或不符合法定形式的，应当当场或在5日内一次告知申请人需要补充的全部资料。

6）户外广告应当按批准的位置、形式、规格、效果图进行设置，不得擅自变更。确需要变更的，按设置审批程序办理。户外广告内容需要变更的，应当向工商部门办理变更登记手续。

7）依法设置的户外广告及其设施，任何单位和个人不得非法占用、拆除、遮盖、涂改、损坏。因城市规划调整或公共利益需要拆除的，设置者应当服从，审批部门应当撤回《户外广告设置许可证》，由此给设置者造成财产损失的，应当依法予以补偿。

8）户外广告设施设置者应当对户外广告及其设施进行维护，确保牢固安全、完好整洁；对残缺、破损、文字、图案不全，污渍明显的户外广告及其设施，应及时修复、更换或拆除。

第七节　市政环卫工程设计

一、城市（镇）给水规划和设计内容及要求

（一）总体要求

城市（镇）给水规划设计应从全局出发，考虑水资源的节约及可持续利用，相邻城市（镇）可考虑区域共建共享，建设节水型城市（镇），如图4-150～图4-152是自来水厂图。

（二）规划设计的主要内容

（1）集中式给水主要应包括确定用水量、水质标准、水源及卫生防护、水质净化、给水设施、管网布置等；

（2）分散式给水主要应包括确定用水量、水质标准、水源及卫生防护、取水设施等。

（三）人均综合用水量指标预测

城市人均综合用水量指标：240～540L/人·d）；城镇人均综合用水量指标：120～350L/人·d）。

有特殊情况的城市（镇），应根据用水实际情况，酌情增减用水量指标，缺水地区可取低限值。

图4-150　某市自来水厂

图4-151　某县自来水厂

(四)城镇水源选择

选择城市(镇)给水水源应以水资源勘察或分析研究报告和区域、流域水资源规划及城市供水水源开发利用规划为依据,并应满足各规划区城市(镇)用水量和水质等方面的要求。选择地表水作为给水水源时,其枯水期的保证率不得低于90%~97%;选择地下水作为给水水源时,不得超量开采。

(五)给水水质要求

生活饮用水的水质应符合现行国家标准《生活饮用水卫生标准》GB5749的有关规定。

(六)给水系统布置

给水管网系统的布置和干管的走向应与给水的主要流向一致,并应以最短距离向用水大户供水。城镇给水系统采用低压制,给水水压按满足6层住宅考虑,即满足用户接管点处服务水头不小于28m的要求,图4-153~图4-155为给水工程规划图。

图4-152 某镇水厂水塔

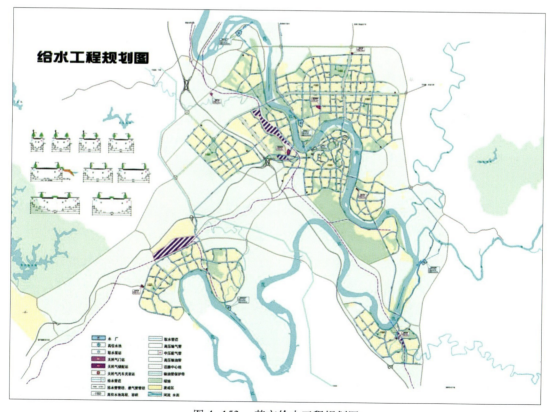

图4-153 某市给水工程规划图

第四章　重视设计，突出特色

图 4-154　某片区给水工程规划图

图 4-155　给水工程规划图

二、城市（镇）排水规划和设计内容及要求

（一）总体要求

城市（镇）排水工程规划应贯彻"全面规划、合理布局、综合利用、保护环境、造福人民"的方针。

（二）规划设计的主要内容

划定城市排水范围、预测城市排水量、确定排水体制、进行排水系统布局；原则确定处理后污水污泥出路和处理程度；确定排水设施的位置、建设规模和用地，排水工程规划实例如图 4-156、图 4-157。

（三）排水体制选择

城镇排水体制宜选择分流制；条件不具备可选择截流式合流制，但在污水排入管网系统前应采用化粪池、生活污水净化沼气池等方法预处理。

（四）雨水量计算

雨水量可按当地或邻近的城市暴雨强度公式标准计算。重要干道、重要地区或短期积水能引起严重后果的地区，雨水规划重现期宜采用 3～5 年，其他地区重现期宜采用 1～3 年。

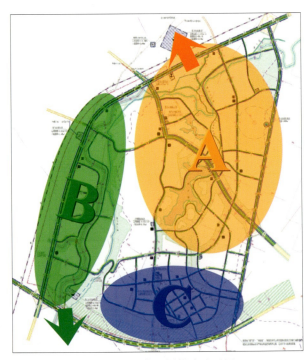

图 4-156　某组团排水分区图

(五) 污水量计算

污水量宜根据城市（镇）综合用水量（平均日）乘以城市污水排放系数确定。(1) 生活污水量可按生活用水量的 75%～85% 进行计算；(2) 生产污水量可按生产用水量的 75%～90% 进行计算。

(六) 污水系统布局

污水系统应根据城市（镇）规划布局，结合竖向规划和道路布局、坡向以及城市（镇）污水受纳体和污水处理厂位置进行流域划分和系统布局。

(七) 雨水系统布局

雨水系统应根据城市（镇）规划布局、地形，结合竖向规划和受纳水体位置，按照就近分散、自流排放的原则进行流域划分和系统布局。应充分利用洼地、池塘和湖泊调节雨水径流，必要时可建人工调节池。

图 4-157 某县排水工程规划图

图 4-158 排水管渠施工

第四章 重视设计，突出特色

图 4-159 某城市片区排水工程规划图

排水管渠应以重力流为主，宜顺坡敷设，不设或少设排水泵站。排水自流排放困难地区的雨水，可采用雨水泵站或与城市（镇）排涝系统相结合的方式排放，排水管渠施工见图 4-159。

（八）污水排放标准

污水排放应符合现行国家标准《污水综合排放标准》GB 8978 的有关规定；污水用于农田灌溉应符合现行国家标准《农田灌溉水质标准》GB 5084 的有关规定。

排水工程规划图如图 4-159。

三、城市（镇）污水处理厂规划和设计内容及要求

（一）污水处理厂位置选择要求

（1）在城市（镇）水系的下游并应符合供水水源防护要求；
（2）在城市（镇）夏季最小频率风向的上风侧；
（3）与城市（镇）规划居住区、公共设施保持一定的卫生防护距离；
（4）靠近污水、污泥的排放和利用地段；
（5）应有方便的交通、运输和水电条件。

图 4-160 为某市污水处理厂，图 4-161 为某镇在建小型污水处理站。图 4-162 为农村污水处理一体化设施。

（二）污水处理深度

城市污水处理一般应达到二级生化处理标准。

（三）污水处理厂规模

污水处理厂规模应根据城市（镇）污水量确定。厂区面积应按远期规模确定，并作出分期

图 4-160　某市污水处理厂

图 4-161　某镇在建小型污水处理站

图 4-162　农村污水处理一体化设施

建设的安排。污水处理厂具体面积指标可参照《城市排水工程规划规范》GB 50318-2000 的有关规定执行。

(四) 污水处理厂的工艺选择

污水处理厂的工艺流程、竖向设计宜充分利用原有地形，符合排水通畅、降低能耗、平衡土方的要求。污水处理厂污泥必须进行处置，综合利用，符合《城市生活垃圾卫生填埋技术标准》规定的污泥可与城市生活垃圾合并处置，也可另设填埋场单独处置。

四、城市（镇）垃圾收集转运设施规划和设计内容及要求

(一) 总体要求

垃圾收集转运设施的规划设置必须从整体上满足城市（镇）生活垃圾收集、运输、处理和处置等功能，贯彻生活垃圾处理无害化、减量化和资源化原则，实现生活垃圾的分类收集、分类运输、分类处理和分类处置，市环卫设施规划图如图 4-163。

(二) 设置原则

垃圾收集转运设施的设置宜做到联建共享、区域共享、城乡共享，实现环境卫生重大基础设施的优化配置。

第四章 重视设计，突出特色

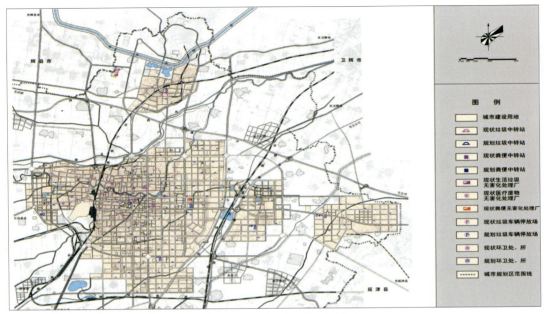

图 4-163　某市环卫设施规划图

（三）规划设计的主要内容

预测城市（镇）生活垃圾产量和成分，确定生活垃圾收集、运输、处理和处置方式，给出主要环境卫生工程设施的规划设置原则、类型、标准、等级、数量、布局及用地范围等。

（四）生活垃圾量预测

城市（镇）生活垃圾日均产量应按当地实际资料采用，若无资料时，一般可按每人 0.8～1.8kg 计算。

图 4-164　户外分类垃圾桶

（五）环境卫生公共设施规划

规划应方便社会公众使用，满足卫生环境和城市景观环境要求；其中生活垃圾收集点、废物箱的设置还应满足分类收集的要求。生活垃圾分类收集方式应与分类处理方式相适应。

供居民使用的垃圾收集投放点的位置应固定，并应符合方便居民、不影响市容观瞻、有利于垃圾的分类收集和机械化收运作业等要求。

医疗垃圾等固体危险废弃物必须单独收集、单独运输、单独处理，其垃圾容器应封闭并应具有便于识别的标志。

户外分类垃圾箱见图 4-164、生活垃圾压缩转运站见图 4-165，生活垃圾转运车见图 4-166，小型生活垃圾转运设备见图 4-167。

（六）环境卫生工程设施规划

(1) 环境卫生工程设施的选址应满足环境保护和城市景观要求，并应减少其运行时产生的废气、废水、废渣等污染物对城镇的影响；生活垃圾处理、处置设施及二次转运站宜位于城镇规划建成区夏季最小频率风向的上风侧及城镇水系的下游，并符合城镇建设项目环评要求。

(2) 生活垃圾转运站宜靠近服务区域中心或生活垃圾产量多且交通运输方便的地方，不宜设在公共设施集中区域和靠近人流、车流集中地区。

(3) 采用非机动车收运时，生活垃圾转运站服务半径宜为0.4～1km；采用小型机动车收运时，生活垃圾转运站服务半径宜为2～4km；采用大、中型机动车收运时，可根据实际情况确定其服务范围。

图4-165　生活垃圾压缩转运站

图4-166　生活垃圾转运车

五、城市（镇）垃圾处理设施规划和设计内容及要求

（一）城市（镇）垃圾处理设施分类

垃圾处理设施主要包括：生活垃圾卫生填埋场、生活垃圾焚烧厂、生活垃圾堆肥厂、建筑垃圾填埋场、粪便处理厂等。

（二）生活垃圾卫生填埋场

生活垃圾卫生填埋场应位于城市规划建成区以外、地质情况较为稳定、取土条件方便、具备运输条件、人口密度低、土地及地下水利用价值低的地区，并不得设置在水源保护区和地下蕴矿区内。图4-168、图4-169为生活垃圾填埋场示意图。

生活垃圾卫生填埋场距大、中城市规划建成区应大于5km，距小城市规划建成区应大于2km，距居民点应大于0.5km。

生活垃圾卫生填埋场四周宜设置宽度不小于100m的防护绿地或生态绿地。生活垃圾卫生填埋场用地内绿化隔离带宽度不应小于20m，并沿周边设置。

图4-167　小型生活垃圾转运设备

图 4-168　某市垃圾卫生填埋场

图 4-169　某市垃圾卫生填埋场

图 4-170　某市垃圾焚烧发电厂示意图（一）　　图 4-171　某市垃圾焚烧发电厂示意图（二）

图 4-172　某市垃圾焚烧发电厂示意图（三）

（三）生活垃圾焚烧厂

当生活垃圾热值大于 5000kJ/kg 且生活垃圾卫生填埋场选址困难时，宜设置生活垃圾焚烧厂。生活垃圾焚烧厂宜位于城市规划建成区边缘或以外。图 4-170～图 4-172 为垃圾焚烧发电厂示意图。

生活垃圾焚烧厂综合用地指标采用 50～200m^2/（t·d），并不应小于 1hm^2，其中绿化隔离带宽度应不小于 10m，并沿周边设置。

（四）生活垃圾堆肥厂

生活垃圾中可生物降解的有机物含量大于 40% 时，可实现生活垃圾堆肥厂。

图 4-173 为生活垃圾堆肥厂。

（五）固体危险废弃物处理厂

城市固体危险废弃物不得与生活垃圾混合处理，必须在远离城市规划建成区和城市水源保护区的地点按国家有关标准和规定分类进行安全处理和处置，其中医疗垃圾应集中焚烧或作其他无害化处理，并在环境影响评价中重点预测其对城市的影响，保证城市安全。

（六）粪便处理厂

在污水处理率低、大量使用旱厕及粪便污水处理设施的城市可设置粪便处理厂。粪便处理厂应设置在城市规划建成区边缘并宜靠近规划城市污水处理厂，其周边应设置宽度不小于 10m 的绿化隔离带。

图 4-173　生活垃圾堆肥厂